职业教育课程改革创新示范精品教材

# 西餐面点制作

## （第2版）

主　编　陶建欣　刘　磊
副主编　梁晶晶　郑　革
　　　　吴小青　柏建刚

北京理工大学出版社
BEIJING INSTITUTE OF TECHNOLOGY PRESS

版权专有 侵权必究

### 图书在版编目（CIP）数据

西餐面点制作 / 陶建欣，刘磊主编. —2版. —北京：北京理工大学出版社，2021.11
ISBN 978-7-5763-0670-5

Ⅰ.①西⋯ Ⅱ.①陶⋯ ②刘⋯ Ⅲ.①西点－制作－中等专业学校－教材 Ⅳ.①TS972.116

中国版本图书馆CIP数据核字（2021）第227918号

---

出版发行 / 北京理工大学出版社有限责任公司
社　　址 / 北京市海淀区中关村南大街5号
邮　　编 / 100081
电　　话 / （010）68914775（总编室）
　　　　　（010）82562903（教材售后服务热线）
　　　　　（010）68944723（其他图书服务热线）
网　　址 / http://www.bitpress.com.cn
经　　销 / 全国各地新华书店
印　　刷 / 定州启航印刷有限公司
开　　本 / 889毫米×1194毫米　1/16
印　　张 / 11.5
字　　数 / 221千字
版　　次 / 2021年11月第2版　2021年11月第1次印刷
定　　价 / 44.00元

责任编辑 / 封　雪
文案编辑 / 毛慧佳
责任校对 / 刘亚男
责任印制 / 边心超

图书出现印装质量问题，请拨打售后服务热线，本社负责调换

# 序

以就业为导向的职业教育,是一种跨越职业场和教学场的职业教育,是一种典型的跨界教育。跨界的职业教育,必然要有跨界的思考。职业教育课程作为人才培养的核心,其跨界特征也决定了职业教育的课程,职业教育课程是一种跨界的课程。

课程开发必须解决两个问题:一是课程内容如何选择;二是课程内容如何排序。第一个问题很好理解,培养科学家、培养工程师、培养职业人才所要教授的课程内容是不同的;而第二个问题却是课程开发的关键所在。所谓课程内容的排序,是指课程内容的结构化。知识只有在结构化的情况下才能传递,没有结构的知识是难以传递的。但是,长期以来,教育却陷入了一个怪圈:以为课程内容只有一种排序方式,即依据学科体系的排序方式来组织课程内容,其所追求的是知识的范畴、结构、内容、方法、组织以及理论的历史发展。形象地说,这是在盖一个知识的仓库,所追求的是仓库里的每一层、每一格、每一个抽屉里放什么,所搭建的只是一个堆栈式的结构。然而,存储知识的目的在于应用。在一个人的职业生涯中,应用知识远比存储知识重要。因此,相对于存储知识的课程范式,一定存在着一个应用知识的课程范式。国际上把应用知识的教育称为行动导向的教育,把与之相应的应用知识的教学体系称为行动体系,也就是做事的体系,或者更通俗地、更确切地说,是工作的体系。这就意味着,除了存储知识的学科体系课程,还应该有一个应用知识的行动体系的课程,即存在一个基于行动体系的课程内容的排序方式。

基于行动体系课程的排序结构,就是工作过程。它所关注的是工作的对象、方式、内容、方法、组织以及工具的历史发展。按照工作过程排序的课程,是基于知识应用的课程,关注的是做事的过程、行动的过程。所以,教学过程或学习过程与工作过程的对接,已成为当今职业教育课程改革的共识。

但是,对实际的工作过程,若仅经过一次性的教学化的处理后就用于教学,很可能只是复制了一个具体的工作过程。这里,从复制一个学科知识的仓库到复制一个具体工作过程,尽管是向应用知识的实践转化,然而由于没有一个比较、迁移、内化的过程,学生很难获得可持续发展的能力。根据教育心理学"自迁移、近迁移和远迁移"的规律,以及中国哲学"三生万物"的思想，按照职业成长规律和认知学习规律，将实际的工作过程进行予以三次以上的教学化处理，并将其演绎为三个以上的有逻辑关系的、用于教学的工作过程，强调通过比较学习的方式，实现迁移、内化，进而使学生学会思考，学会发现、分析和解决问题，掌握资讯、计划、决策、实施、检查、评价的完整的行动策略，将大大促进学生的可持续发展。所以，借助于具体工作过程——"小道"的学习及其方法的习得实践，去掌握思维的工作过程——"大道"的思维和方法论，将使学生能从容应对和处置未来和世界可能带来的新的工作。

近年来，随着教学改革的深入，我国的职业教育正是在遵循"行动导向"的教学原则，强调在"为了行动而学习""通过行动来学习"和"行动就是学习"的教育理念以及在学习和借鉴国内外职业教育课程改革成功经验的基础上有所创新，逐渐形成了"工作过程系统化的课程"开发理论和方法。现在，这个教学原则已为广大职业院校一线教师所认同、所实践。

烹饪专业是以手工技艺为主的专业，比较适合以形象思维见长、善于动手的职业院校学生学习。烹饪专业学生职业成长具有自身的独特规律，如何借鉴工作过程系统化课程理论及其开发方法以及如何构建符合该专业特点的特色课程体系，是一个非常值得深入探究的课题。

令人欣喜的是，作为我国职业教育领域中一所很有特色的学校，有着30多年烹饪办学经验的北京劲松职业高中，这些年来，在烹饪专业课程教学的改革领域进行了全方位的改革与探索。通过组建由烹饪行业专家、职业教育课程专家和一线骨干教师构成的课程改革团队，学校在科学的调研和职业岗位分析的基础上确立了对烹饪人才的技能、知识和素质方面的培训要求，同时还结合该专业的特色，构建了烹饪专业工作过程系统化的理论与实践一体化的课程体系。

基于我国教育的实际情况，北京劲松职业高中在课程开发的基础上，编写了一套烹饪专业的工作过程系统化系列教材。这套教材以就业为导向，着眼于学生综合职业能力的培养，以学生为主体，注重"做中学，做中教"，其探索执着，成果丰硕，而主要特色有以下几点。

（1）按照现代烹饪行业岗位群的能力要求，开发课程体系。

该课程及其教材遵循工作过程导向的原则，按照现代烹饪岗位及岗位群的能力要求，确定典型工作任务，并在此基础上对实际的工作任务和内容进行教学化的处理、加工与转化，通过进一步的归纳和整合，开发出基于工作过程的课程体系，以使学生学会在真实的工作环境中运用知识和岗位间协作配合的能力，为未来顺利适应工作环境和今后职业发展奠定坚实基础。

（2）按照工作过程系统化的课程开发方法，设置学习单元。

该课程及其教材根据工作过程系统化课程开发的路线，以现代烹饪企业的厨房基于技法细化岗位内部分工的职业特点及职业活动规律，以真实的工作情境为背景，选取最具代表性的经典菜品、制品或原料作为任务、单元或案例性载体的设计依据，按照由易到难、由基础到综合的递进式逻辑顺序，构建了三个以上的学习单元（即"学习情境"），体现了学习内容序化的系统性。

（3）对接现代烹饪行业和企业的职业标准，确定评价标准。

该课程及其教材针对现代烹饪行业的人才需求，融入现代烹饪企业岗位或岗位群的工作要求，对接行业和企业标准，培养学生的实际工作能力。在理实一体化的教学层面，以工作过程为主线，夯实学生的技能基础；在学习成果的评价层面，融入烹饪职业技能鉴定标准，强化练习与思考环节，通过专门设计的技能考级的理论与实操试题，全面检验学生的学习效果。

这套基于工作过程系统化的教材的编写和出版，是职业教育领域深入开展课程和教材改革的新成效的具体体现，是一个具有多年实践经验和教改成果的劲松职业高中的新贡献。我很荣幸将这套教材介绍并推荐给读者。

我相信，北京劲松职业高中在课程开发中的有益探索，一定会使这套教材的出版得到读者的青睐，也一定会在职业教育课程和教学的改革与发展中起到标杆的作用。

我希望，北京劲松职业高中开发的课程及其教材在使用的过程中不断得到改进、完善以及提高，为更多精品课程教材的开发夯实基础。

我也希望，北京劲松职业高中业已形成的探索、改革与研究的作风能一以贯之，在建立具有我国特色的职业教育和高等职业教育的课程体系的改革中做出更大的贡献。

改革开放以来，职业教育为中国经济社会的发展，做出了普通教育不可替代的贡献，不仅为国家的现代化培养了数以亿计的高素质劳动者和技能型人才，而且在提高教育质量的改革中，职业教育创新性的课程开发成功的经验与探索，已从基于知识存储的结果形态的学科知识系统化的课程范式，走向基于知识应用的过程形态的工作过程的课程范式，大大丰富了我国教育的理论与实践。

历史必定会将职业教育的"功勋"铭刻在其里程碑上。

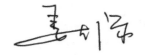

　　本教材以工作任务为载体,确定了10个学习单元,即混酥类、饼干类、油脂蛋糕类、清蛋糕类、泡芙类、冷冻甜品类、蛋糕类点心、清酥类、巧克力基础、面包类。上述10种分类方法基本概括了西点、面包部分的学习内容。每个学习单元均由1～3个任务组成,由易到难,循序渐进。

　　本教材突出体现了以下特色。

　　第一,教材以任务为载体,任务的安排由简到繁,在完成工作任务的过程中,学生能够学会西餐面点的相关知识和技能。

　　第二,教材内容的编排与餐饮企业接轨,对接行业技能标准,准确把握教学目标与评价标准,与企业岗位相适应。

　　第三,教材内容的编排注重培养学生的方法能力和社会能力,有助于提升学生的综合职业能力。

　　第四,教材编排的每个工作任务都包含了一个完整的工作过程,具有可见的工作成果。

　　第五,教材图文并茂,可读性强,有助于提高学生的学习兴趣。

　　本教材由陶建欣、刘磊担任主编,主要负责前17个任务的文字编写、统稿及部分图片的拍摄工作;梁晶晶、郑革担任副主编,主要负责后6个任务的文字编写及部分图片的拍摄及统筹工作;北京劲松职业高中优秀毕业生、王府半岛酒店饼房厨师长吴小青和丽晶酒店面包房厨师长柏建刚担任副主编,参与多项任务图片拍摄及素材搜集等。编者在教材的编写过程中得到了北京市课程改革专家、北京劲松职业高中领导及教科研室杨志华、范春玥老师的大力支持。另外,还要感谢语文老师胡秀华帮助校对文字,感谢郑革老师带队的全体西餐专业组成员的努力。

由于时间仓促，编者水平有限，本教材尚存不足之处，还望广大读者提出宝贵的意见和建议，以便修订时及时改正。

编　者

# 目录 CONTENTS

## 单元一　混酥类点心的制作

单元导读 ......................................................................................... 2
任务一　水果塔 ................................................................................ 3
任务二　洋葱培根塔 ......................................................................... 12

## 单元二　饼干类点心的制作

单元导读 ......................................................................................... 22
任务一　杏仁片曲奇 ......................................................................... 23
任务二　巧克力核桃曲奇 .................................................................. 28
任务三　黄油曲奇 ............................................................................ 33

## 单元三　油脂蛋糕的制作

单元导读 ......................................................................................... 38
任务一　黄油蛋糕 ............................................................................ 39
任务二　英式水果蛋糕 ..................................................................... 45

## 单元四　清蛋糕的制作

单元导读 ......................................................................................... 52
任务一　瑞士水果蛋卷 ..................................................................... 53
任务二　奶油水果蛋糕 ..................................................................... 59

## 单元五　泡芙的制作

单元导读 ········································································ 68
任务　奶油泡芙 ································································ 69

## 单元六　冷冻甜品的制作

单元导读 ········································································ 76
任务一　黑巧克力慕斯 ······················································ 77
任务二　芒果慕斯蛋糕 ······················································ 82

## 单元七　蛋糕类点心的制作

单元导读 ········································································ 90
任务一　歌剧院蛋糕 ·························································· 91
任务二　马卡龙 ································································ 101
任务三　提拉米苏 ····························································· 106

## 单元八　清酥类点心的制作

单元导读 ········································································ 114
任务一　杏仁条 ································································ 115
任务二　烤苹果酥角 ·························································· 125

## 单元九　巧克力的基础

单元导读 ········································································ 132
任务一　巧克力调温 ·························································· 133
任务二　巧克力装饰 ·························································· 138
任务三　模具巧克力 ·························································· 146

## 单元十　面包类的制作

单元导读 ········································································ 152
任务一　汉堡面包 ····························································· 153
任务二　法式棍面包 ·························································· 160
任务三　牛角面包 ····························································· 167

# 单元一 混酥类点心的制作

## 单元导读

### 一、任务内容

水果塔、洋葱培根塔。

### 二、任务简介

混酥类点心是将黄油、低筋面粉、鸡蛋、细砂糖、食盐等主要原料调和成面坯，再配以各种辅料，通过成形、烘烤、上馅、装饰等不同工艺方法制成的一类点心。混酥类点心的面坯无层次，但具有酥松性，可分为甜混酥和咸混酥两类。

若要学会混酥类点心的制作，必须掌握其面坯的调制方法和各种馅料的制作方法。

# 任务一 水果塔

## 一、任务描述

**[内容描述]**

水果塔（Fruit Tart）是西餐面点厨房中经常制作的甜点之一，由甜酥面坯、吉士酱及各种颜色的新鲜水果组合而成。它既可以作为甜品在面包店出售，也可以作为甜点供人们在喝下午茶时食用。

**[学习目标]**

（1）了解"混酥面坯"和"甜酥面坯"的概念和性质。
（2）能够利用"糖油调制法"完成"甜酥面坯"的制作。
（3）能够按照正确的操作方法完成"吉士酱"的调制。
（4）能按照标准流程，在规定时间内完成"水果塔"的制作。
（5）培养学生养成良好的卫生习惯并遵守行业规范。

## 二、相关知识

### （一）甜酥面坯的制作

甜酥面坯采用"糖油调制法"完成。此方法是将细砂糖和黄油一起搅打至颜色发白，再加入鸡蛋、低筋面粉及其他原料而制作完成的。

### （二）吉士酱的调制

吉士酱又名"蛋乳泥""可斯得馅""黄酱子"等，它是在西点制作中用途较为广泛的一种半成品，通常用来制作各种派、塔、泡芙、清酥点心等的馅料。其使用牛奶、细砂糖、蛋黄、吉士粉、低筋面粉及少量黄油，经过煮、冲、加热、搅拌、冷却几个步骤制作而成。

要点提示：

（1）将蛋黄与细砂糖放在一起时，一定要先搅拌均匀，因为细砂糖的渗透性能使蛋黄中的蛋白质凝固形成颗粒，降低品质量。

（2）加热吉士糊时，一定要选用干净的厚底少司锅，用小火慢煮。因为原料中含有较多的细砂糖、蛋黄、淀粉等，很容易糊底，导致制品无法使用。

### （三）成形

水果塔的成形一般是借助模具完成的。具体方法是根据制品的需要取出适量面坯，放在撒过面粉的工作台或压面机台面上，先将其擀或压成合适的厚度，再根据模具大小选用合适的圆戳在上面戳出圆片，并将圆片放入模具中，紧贴模具排出空气，将多余的面坯去掉。

要点提示：

（1）擀压甜酥面坯时，不要将刻度一次调节得过快或过慢，因为过快容易把面坯压散，当进行二次擀压时，不但延误操作时间，而且容易使面坯上劲从而产生筋力；而过慢则会使面坯中的油脂溶化变软，不易成形。

（2）面片擀好后，应马上用事先备好的花戳在上面戳出圆片。如果操作间的温度过高，可以将戳好的圆片放在垫了油纸的烤盘上放入冰箱中，等稍凉后再操作。

（3）将圆片装入模具成形时，动作要轻柔而准确，要求一次到位，捏制时一定要将模内的空气排出，切勿由于用力过大而造成面片薄厚不均，降低制品质量。

### （四）成熟

塔皮经过成形后，需要烘烤使其成熟。甜酥塔皮属于油糖类面坯，在成熟过程中很容易上色，所以一定把握好其在烤箱中的温度和时间。

## 三、成品标准

水果塔成品表面颜色鲜亮，各种水果的搭配整齐、合理，塔皮口感酥松，口味细腻香甜，如图1-1-1所示。

图1-1-1 水果塔成品标准

## 四、制作准备

### （一）材料

**1. 甜酥面坯**

黄油　　　　　310克　　　鸡蛋　　　　　2个

| 细砂糖 | 190 克 | 泡打粉 | 2 克 |
| 低筋面粉 | 520 克 | 食盐 | 2 克 |

### 2．吉士酱

| 牛奶 | 500 毫升 | 蛋黄 | 80 克 |
| 细砂糖 | 100 克 | 低筋面粉 | 15 克 |
| 吉士粉 | 35 克 | 打发淡奶油 | 200 克 |
| 黄油 | 30 克 | | |

### 3．水果及装饰

| 草莓 | 20 个 | 橙子 | 5 个 |
| 猕猴桃 | 5 个 | 芒果 | 2 个 |
| 蓝莓 | 20 个 | 覆盆子 | 20 个 |
| 火龙果 | 2 个 | 黑巧克力 | 200 克 |
| 黄梅果胶 | 50 克 | 开心果的果仁 | 50 克 |
| 清水 | 50 毫升 | | |

## （二）必备器具

烤箱、压面机、烤盘、电子秤、和面盆、面粉筛、橡胶刮板、少司锅、打蛋器、量杯、搅拌桶、搅拌机、木铲、玻璃方盘、模具、裱花袋、裱花嘴、保鲜膜、刷子、案板、小型西餐刀。

## 五、制作方法

### （一）甜酥面坯

甜酥面坯制作步骤如图 1-1-2 所示。

**步骤一：**
把软黄油放入搅拌桶内，再加入细砂糖，用中速搅打。待搅匀后，再用快速搅打。

**步骤二：**
在搅打过程中，黄油会贴在桶壁，这时先停机，把黄油刮下后再继续。

**步骤三：**
反复搅打，直至黄油颜色变白，细砂糖颗粒变小。

图 1-1-2　甜酥面坯制作步骤

步骤四：
加入鸡蛋，速度要慢以防水油分离。

步骤五：
缓慢加入第二个鸡蛋。

步骤六：
停机，把搅拌桶四周的黄油铲下，使其与鸡蛋一起搅打得更加均匀。

步骤七：
把事先筛匀的低筋面粉和泡打粉混合均匀。

步骤八：
将混合物倒入搅拌桶中。

步骤九：
慢慢搅拌均匀。
【小提示】搅拌时间不宜过长，以免由于面坯上劲而降低制品质量。

步骤十：
关机，取下搅拌桶。

步骤十一：
用刮板将搅头上的面坯取下。

步骤十二：
将面坯放入铺好保鲜膜的方盘内，用手压平，封上保鲜膜，放入冰箱冷藏4小时。

图 1-1-2　甜酥面坯制作步骤（续）

## （二）吉士酱

吉士酱制作步骤如图 1-1-3 所示。

**步骤一：**
先把蛋黄倒入和面盆内。

**步骤二：**
加入细砂糖，迅速搅匀。

**步骤三：**
待搅拌均匀后，再加入低筋面粉和吉士粉，将它们与蛋黄一起搅拌成黏稠的糊状。

**步骤四：**
将煮开的牛奶慢慢倒入搅好的吉士糊中，边倒边搅拌，直至混合均匀。

**步骤五：**
将搅拌好的吉士糊倒入少司锅内，边加热边搅拌，直至其变得黏稠，表面冒出大泡。

**步骤六：**
待全部成熟后将少司锅从火上移开，加入黄油并搅拌均匀。

**步骤七：**
将煮好的吉士酱倒入玻璃方盘中，用保鲜膜封好，放入冰箱中冷藏。

图 1-1-3　吉士酱制作步骤

## （三）水果塔

水果塔制作步骤如图 1-1-4 所示。

**步骤一：**
将甜酥面坯从冰箱中取出，放入搅拌桶内。

**步骤二：**
用慢速搅拌，待面坯变成有黏性的面坯，以方便擀制。

**步骤三：**
将搅拌好的面坯揉制成圆柱形。
【小提示】甜酥面坯中的油脂含量较高，因此揉制时间不宜过长。

**步骤四：**
再用双手将甜酥面坯压薄，放在压面机上擀压。

**步骤五：**
在整理好的甜酥面坯上撒少许低筋面粉，放在压面机上擀压。

**步骤六：**
将甜酥面坯压成5毫米厚的面片并放入冰箱中冷藏10分钟。

**步骤七：**
将冰箱中的甜酥面片取出，用与模具相匹配的戳子在上面戳出圆片。

**步骤八：**
将戳好的面片放入模具内，用叉子在塔皮底部扎一些孔，便于透气。

**步骤九：**
将模具放入已预热到200℃的烤箱中烘烤12分钟左右，待其呈金黄色即可取出。

图 1-1-4　水果塔制作步骤

**步骤十：**
将烤好的塔皮从模具中取出。

**步骤十一：**
待塔皮冷却后，在塔底涂抹融化的黑巧克力。
【小提示】为了避免馅料里的水分将烤熟的面坯浸湿，可在塔皮内1/2处涂抹一层黑巧克力，以起到隔水作用。

**步骤十二：**
将冷藏的吉士酱取出后，用打蛋器搅软。

**步骤十三：**
加入事先准备好的打发淡奶油，混合均匀。
【小提示】加入打发淡奶油可以使吉士酱的口感更加细腻。

**步骤十四：**
在裱花袋内放入裱花嘴，将调制好的吉士酱垂直挤在塔皮的1/2处。
【小提示】上馅要适中。若馅过多会影响水果的码放，若馅过少则没有立体感，会影响制品的美观。

**步骤十五：**
将提前加工成形的水果依次码放在吉士酱表面。

**步骤十六：**
将煮好的黄梅果胶刷在水果表面。
【小提示】刷果胶不仅可以防止水果表面水分蒸发，而且可以使水果表面光亮，增加美感。

**步骤十七：**
将做好的水果塔放入盘中。

**步骤十八：**
在水果塔表面插上巧克力片，在中间撒上少许开心果碎。

图 1-1-4　水果塔制作步骤（续）

## 六、评价标准

评价标准见表 1-1-1。

表 1-1-1 评价标准

| 评价内容 | 评价标准 | 满分 | 得分 |
|---|---|---|---|
| 准备工作 | 优（8～10）；良（7～8）；合格（5～7）；待合格（0～5） | 10 | |
| 操作工序 | 优（25～30）；良（22～25）；合格（20～22）；待合格（0～20） | 30 | |
| 操作时间 | 优（8～10）；良（7～8）；合格（5～7）；待合格（0～5） | 10 | |
| 成品质量 | 优（36～40）；良（32～35）；合格（25～31）；待合格（0～24） | 40 | |
| 卫生情况 | 优（8～10）；良（7～8）；合格（5～7）；待合格（0～5） | 10 | |
| | 合计 | 100 | |
| | 评价标准：优（85～100）；良（75～84）；合格（60～74）；待合格（59及以下） | | |

## 七、课后作业

1. 完成"水果塔"的制作小结。
2. 你知道派和塔的区别吗？

## 八、知识链接

### 塔与派的区别

从外观形状上来说，塔小而轻，塔的外形多以各种新鲜水果精心排列。塔的模具底部是不可拆卸的，因为其体积较小，很容易从模具中取出。模具的壁缘可以是垂直的，也可以是倾斜的，分为平滑的和带凹槽的两种。塔的模具形式多样，有圆形、长方形。

派的馅料较多，一般分割成多份食用。派的模具一般较大，底部可拆卸，分为平滑的和带凹槽的两种。

## 九、拓展任务

**黑樱桃杏仁塔（Black Cherry Almond Tart）**

**（一）材料**

甜酥面坯　　　1 000 克　　　杏仁奶油馅　　　600 克

| | | | |
|---|---|---|---|
| 黑樱桃罐头 | 250 克 | 草莓酱 | 150 克 |
| 黄梅果胶 | 100 克 | 清水 | 60 毫升 |

### （二）必备器具

烤箱、压面机、烤盘、电子秤、和面盆、面粉筛、橡胶刮板、打蛋器、模具、裱花袋、裱花嘴、少司锅、刷子、案板、小型西餐刀。

## 任务二 洋葱培根塔

### 一、任务描述

**[内容描述]**

洋葱培根塔（Onion Bacon Quiche）是使用咸酥面坯、洋葱培根馅、咸汁，经过擀制、成形、填馅、浇汁、烘烤等多种工序制作而成的一种西式面点。洋葱培根塔一般出现在早餐、下午茶、酒会中。

**[学习目标]**

（1）掌握"咸酥面坯"的制作方法。
（2）结合自己学习到的内容，阐述"洋葱培根塔"的制作要领。
（3）能够按照制作流程，在规定时间内完成"洋葱培根塔"的制作。
（4）培养学生养成良好的卫生习惯并遵守行业规范。

### 二、相关知识

#### （一）面坯的调制

咸酥面坯采用"油面调制法"调制，即先将黄油和低筋面粉一起放入搅拌桶内，用慢速或中速搅拌，当黄油和低筋面粉搅拌成细沙状后，再加入鸡蛋、清水等辅料制作完成。

#### （二）成形

咸酥面坯的成形方法有擀、戳、捏、割等方法。每个动作都有其特定作用，可根据需要配合使用。

要点提示：

（1）在擀压成酥面坯时，不要反复揉搓，以免其收缩、导致口感发硬、酥松性变差。

（2）压平、压薄的面坯，为方便操作，可将面坯盛在平盘上，放入冰箱冷藏一段时间，这样不仅容易成形，而且可以使面坯松弛、伸展，烤熟后不易收缩变形。

（3）将面坯装入模具时，动作要快，应一次到位；否则，面坯在手指温度的影响下极易变软，进而影响后续操作。

（4）切割多余面坯时，用小型西餐刀往前推抹至与模具表面平行，使其成形后边缘光滑。

### （三）烘烤

面坯成形后，放入事先炒制好的馅料（凉）和奶酪丝，再灌入咸汁约六成满，即可烤制。注意灵活掌握烤箱温度（约200 ℃）和烤制时间（约25分钟）。

## 三、成品标准

洋葱培根塔表面颜色金黄，外部酥香，内部软嫩，口味浓郁鲜香，如图1-2-1所示。

图1-2-1　洋葱培根塔成品标准

## 四、制作准备

### （一）材料

**1. 咸酥面坯**

| | | | |
|---|---|---|---|
| 黄油 | 370克 | 低筋面粉 | 750克 |
| 食盐 | 15克 | 清水 | 100毫升 |
| 鸡蛋 | 3个 | | |

**2. 洋葱培根馅**

| | | | |
|---|---|---|---|
| 洋葱 | 500克 | 培根 | 300克 |
| 橄榄油 | 30克 | 香叶 | 3片 |
| 胡椒粒 | 10粒 | 食盐 | 2克 |
| 胡椒粉 | 10克 | | |

**3. 咸汁**

| | | | |
|---|---|---|---|
| 牛奶 | 300毫升 | 淡奶油 | 300毫升 |
| 鸡蛋 | 5个 | 蛋黄 | 75克 |
| 食盐 | 10克 | 豆蔻粉 | 1克 |
| 杂香草 | 5克 | 奶酪丝 | 200克 |

## （二）设备与工具

压面机、烤箱、电子秤、和面盆、面粉筛、小方盘、木铲、烤盘、模具、打蛋器、分刀、搅拌桶、案板、煎盘、擦床、锥形箩不锈钢碗。

## 五、制作方法

### （一）咸酥面坯

咸酥面坯制作步骤如图1-2-2所示。

**步骤一：**
称重：按照配方准确称量所用的原料。

**步骤二：**
将低筋面粉放入搅拌桶内。

**步骤三：**
再把黄油加入搅拌桶内。

**步骤四：**
将搅拌桶装好，给搅拌机换上桨状搅头。

**步骤五：**
先用低速搅拌，待面粉湿润后，可调至中速，直至将原料搅拌成细沙粒状。

**步骤六：**
将食盐放入凉水中搅拌至溶化。

图1-2-2 咸酥面坯制作步骤

**步骤七：**
将鸡蛋打散，倒入清水中，搅拌均匀。

**步骤八：**
将混合物加入低筋面粉中，用最慢速搅拌。

**步骤九：**
用刮板把面团从搅拌桶中取出。

**步骤十：**
放在撒过少许面粉的案板上揉制。

**步骤十一：**
揉好后，用手把面坯拍平。

**步骤十二：**
在小方盘里铺上保鲜膜，撒上少许低筋面粉。

**步骤十三：**
将咸酥面坯放在小方盘中，用手压平，封上保鲜膜，放入冰箱冷藏4小时，取出后即可使用。

**步骤十四：**
将冷藏过的咸酥面坯取出，掰成小块，放入搅拌桶内。

**步骤十五：**
用弯钩搅拌头搅拌，其目的是使咸酥面坯更加滋润，易于擀制成形。

图 1-2-2　咸酥面坯制作步骤（续）

**步骤十六：**
将面坯放在案板上，稍作揉制。

**步骤十七：**
揉制成形。

**步骤十八：**
将整理好的面坯放在压面机上，将其压制成厚度为3毫米的薄片。

**步骤十九：**
在面坯上撒少许面粉。

**步骤二十：**
先将面坯放入铺着油纸的烤盘中，再放入冰箱中冷藏，10分钟后取出。

图 1-2-2　咸酥面坯制作步骤（续）

## （二）洋葱培根馅

洋葱培根馅制作步骤如图 1-2-3 所示。

**步骤一：**
在煎盘内放入少许橄榄油，待油热后放入香叶、黑胡椒粒和洋葱丝煸炒。

**步骤二：**
将洋葱中的水分煸干后，倒入切好的培根。

图 1-2-3　洋葱培根馅制作步骤

步骤三：
将炒好的洋葱培根馅倒入不锈钢碗内。

步骤四：
将里面的香叶、胡椒粒挑出，放在常温下备用。

图 1-2-3　洋葱培根馅制作步骤（续）

### （三）咸汁

咸汁制作步骤如图 1-2-4 所示。

步骤一：
将鸡蛋打散。

步骤二：
过筛的目的是使馅料更加细腻。

步骤三：
将牛奶、淡奶油、少许食盐、胡椒粉、豆蔻粉、杂香草依次加入鸡蛋中搅拌均匀备用。

图 1-2-4　咸汁制作步骤

### （四）洋葱培根塔

洋葱培根塔制作步骤如图 1-2-5 所示。

步骤一：
在模具内用刷子刷一层薄薄的黄油，备用。

步骤二：
将冷藏后的咸酥面坯取出后放在台案上，用比模具直径稍大的圆碗扣在上面，刻出圆片。

步骤三：
去掉多余的面坯。

图 1-2-5　洋葱培根塔制作步骤

步骤四：
将刻好的面坯放在手心中，把模具扣在中间。

步骤五：
将面坯放在案板上，紧贴模具慢慢旋转，将面坯轻轻送入底部，再将里面的空气挤出。

步骤六：
用大拇指将面坯四周的褶皱轻轻压平。

步骤七：
拿起面坯，用小型西餐刀将表面多余的部分削平，使其平整。

步骤八：
先放入1/3的洋葱培根馅。

步骤九：
再灌入咸汁，以六成满为宜。

步骤十：
在面坯表面撒上奶酪丝，放入温度为200 ℃的烤箱中烤制25分钟左右，待其呈金黄色即可取出。

步骤十一：
洋葱培根塔制作完成后，用刀叉将其从模具中取出。

步骤十二：
先放在台案上。

步骤十三：
将烤好的洋葱培根塔装入盘中。

步骤十四：
洋葱培根塔制作完成。

图1-2-5　洋葱培根塔制作步骤（续）

## 六、评价标准

评价标准见表 1-2-1。

表 1-2-1　评价标准

| 评价内容 | 评价标准 | 满分 | 得分 |
|---|---|---|---|
| 准备工作 | 优（8～10）；良（7～8）；合格（5～7）；待合格（0～5） | 10 | |
| 操作工序 | 优（25～30）；良（22～25）；合格（20～22）；待合格（0～20） | 30 | |
| 操作时间 | 优（8～10）；良（7～8）；合格（5～7）；待合格（0～5） | 10 | |
| 成品质量 | 优（36～40）；良（32～35）；合格（25～31）；待合格（0～24） | 40 | |
| 卫生情况 | 优（8～10）；良（7～8）；合格（5～7）；待合格（0～5） | 10 | |
| 合计 | | 100 | |
| 评价标准：优（85～100）；良（75～84）；合格（60～74）；待合格（59及以下） | | | |

## 七、课后作业

1. 完成"洋葱培根塔"的制作小结。
2. 影响咸酥面坯收缩的原因有哪些？

## 八、知识链接

### 美国全民派饼日

1月23日是美国全民派饼日。该节日是由美国全国派饼协会创立的，他们会在当天举办全国派饼制作大赛。

馅饼有着悠久而辉煌的历史，但如今人们所享用的放满馅料的派饼相对而言还是比较有新意的。历史上，希腊人和罗马人联合制作出了第一个馅饼。人们在馅饼皮里填充各种各样的肉类或海鲜，再加上各种香料来调味，将其当作正餐的一部分。直到19世纪末，第一个甜馅派饼才出现，也就是一直流传到现在的派饼。20世纪40年代，派饼成为美国的标志性甜点。

## 九、拓展任务

**菠菜海鲜塔（Spinach Seafood Quiche）**

## （一）材料

| | | | |
|---|---|---|---|
| 咸酥面坯 | 1 000 克 | 咸汁 | 600 毫升 |
| 菠菜馅 | 500 克 | 青虾仁 | 300 克 |
| 奶酪丝 | 200 克 | | |

## （二）设备与工具

压面机、冰箱、打蛋机、电子秤、面粉筛、小方盘、木铲、烤盘、模具、打蛋器、分刀、搅拌桶、案板、煎盘、擦床。

单元二　饼干类点心的制作

## 单元导读

### 一、任务内容

杏仁片曲奇、巧克力核桃曲奇、黄油曲奇。

### 二、任务简介

饼干是西餐面点中最常见的品种之一。在西方饮食习惯中，饼干虽然算不上每日必备甜点，但作为三餐之间的小点心却很常见，尤其在欧美国家，无论作为下午茶时的甜点、日常的零食，还是搭配咖啡吃的小食品，饼干均占有重要地位。

曲奇（Cookie）来自荷兰语"koek"，是指小甜饼干或烤制饼干。利用不同的成形方法可将曲奇制成各种形状。本单元介绍利用切割、揉、挤制作出三种不同口味、不同形状曲奇的方法。

# 任务一　杏仁片曲奇

## 一、任务描述

[内容描述]

杏仁片曲奇（Almond Slices Cookies）是用黄油、细砂糖、鸡蛋、低筋面粉、整杏仁等原料经过面团的调制、成形、烘烤等多种工艺制作完成的。其采用了饼干成形方法中的切割法。

[学习目标]

（1）巩固"糖油调制法"制作饼干面团。
（2）了解"切割法"的技法。
（3）掌握"直刀切"的方法。
（4）掌握"杏仁片曲奇"的烘烤方法。
（5）能按照相关制作方法，在规定时间内完成"杏仁片曲奇"的制作。
（6）培养学生养成良好的卫生习惯并遵守行业规范。

## 二、相关知识

### （一）概念

**1. 切割法**

切割法也称二次成形法。具体方法是将调制好的饼干面团，整理成形放入容器内，压实后放入冰箱冷冻，待面团冻硬后，用刀将其切割成所需形状和大小。采用此方法制作出的饼干面团大多含有果仁或果料。冷冻既可以方便下一步的加工成形，也可以使面团内的面筋质松弛，使烘烤成熟后的成品酥脆。

**2. 直刀切**

直刀切是用分刀笔直地将面团向下切，切时既不向前推，也不往后拉，着力点在刀的中间部位，最后将面团切成薄厚均匀的片状的一种方法。

### （二）要点提示

（1）将所有原料提前存放在室温中一段时间，这样可避免蛋糊和油脂分离。

（2）将黄油、细砂糖搅拌至蓬松均匀状态后，方可加入鸡蛋。

（3）鸡蛋要逐个加入，否则会出现油水分离的现象。

（4）将低筋面粉加入黄油糊中后，不要过分搅拌，以防止面团上劲，影响饼干的酥脆口感。

（5）将饼干放入烤盘中等距排列，具体间距随制品的大小而变化，以防烘烤时制品贴在一起。

### （三）烘烤

烘烤温度为 190 ℃；烘烤时间为 10 分钟待制品表面呈金黄色时即为成熟。

## 三、成品标准

杏仁片曲奇薄厚均匀，色泽金黄，质感酥脆，口味香甜，如图 2-1-1 所示。

图 2-1-1　杏仁片曲奇成品标准

## 四、制作准备

### （一）材料

| 黄油 | 500 克 | 细砂糖 | 500 克 |
| 鸡蛋 | 5 个 | 低筋面粉 | 1100 克 |
| 整杏仁 | 500 克 | | |

### （二）必备器具

烤箱、电子秤、打蛋器、搅拌桶、搅拌机、案板、橡胶刮板、分刀、和面盆、模具、擀面杖、烤盘。

## 五、制作方法

杏仁片曲奇制作步骤如图 2-1-2 所示。

**步骤一：**
将黄油、细砂糖置在搅拌桶中，搅拌至松软，使其蓬松。

**步骤二：**
分次加入蛋液。每次加入时，需先将之前的蛋液搅拌至完全均匀后，再加入新的蛋液。

**步骤三：**
间隔停机，用刮板刮下搅拌桶壁上的食材继续搅拌，以确保周边的食材混合均匀。

**步骤四：**
搅拌完毕后，将混合好的面粉与杏仁倒入黄油糊中，用慢速搅拌均匀。

**步骤五：**
将面团放入方形模具中，用橡胶刮铲刮平。

**步骤六：**
先用保鲜膜把面团包好，再用擀面杖压平，然后放入冰箱中冷冻。

**步骤七：**
待面坯冻硬后将其取出，用分刀切割成宽度为3厘米的长条。

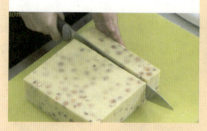

**步骤八：**
再将长条切成厚度均匀的薄片。

**步骤九：**
摆放在烤盘中，放入烤箱中烘烤。

**步骤十：**
烤箱温度为190 ℃，烤制时间为10分钟，待成品表面呈金黄色即可取出。

图 2-1-2　杏仁片曲奇制作步骤

## 六、评价标准

评价标准见表 2-1-1。

表 2-1-1 评价标准

| 评价内容 | 评价标准 | 满分 | 得分 |
|---|---|---|---|
| 准备工作 | 优（8～10）；良（7～8）；合格（5～7）；待合格（0～5） | 10 | |
| 操作工序 | 优（25～30）；良（22～25）；合格（20～22）；待合格（0～20） | 30 | |
| 操作时间 | 优（8～10）；良（7～8）；合格（5～7）；待合格（0～5） | 10 | |
| 成品质量 | 优（36～40）；良（32～35）；合格（25～31）；待合格（0～24） | 40 | |
| 卫生情况 | 优（8～10）；良（7～8）；合格（5～7）；待合格（0～5） | 10 | |
| 合计 | | 100 | |
| 评价标准：优（85～100）；良（75～84）；合格（60～74）；待合格（59及以下） | | | |

## 七、课后作业

1. 完成"杏仁片曲奇"的制作小结。
2. 什么原因可以使饼干具有酥脆的质感？
4. 利用切割法制成的饼干，在成形前需要冷冻，其目的是什么？

## 八、知识链接

### 曲奇的故事

曲奇是很多人都爱吃的零食，那么你是否知道它诞生的故事？据说，它最初诞生在寒冷的北欧。那里温度很低，主妇们在烤蛋糕时，很难用手感知烤炉的温度，因此为了测试温度，她们会先倒一点面糊试试，等温度合适后再烤整块蛋糕。由此，曲奇就诞生了，到18世纪才在全世界普及。现在的曲奇种类丰富，造型美观，深受人们的喜爱。

## 九、拓展任务

**浓咖啡意大利脆饼（Espresso Biscotti）**

（一）材料

| | | | |
|---|---|---|---|
| 鸡蛋 | 3个 | 蛋黄 | 25克 |
| 细砂糖 | 200克 | 食盐 | 5克 |

| 低筋面粉 | 350 克 | 泡打粉 | 5 克 |
| 咖啡粉 | 15 克 | 热水 | 25 毫升 |
| 扁桃仁 | 150 克 | | |

### （二）必备器具

烤箱、烤盘、锯齿刀、案板、打蛋机、橡胶刮铲、和面盆、刷子、搅拌桶、硅胶垫。

## 任务二 巧克力核桃曲奇

### 🎩 一、任务描述

[内容描述]

巧克力核桃曲奇(Chocolate Walnut Cookies)是采用"糖油调制法"制作饼干面团。利用搓、揉的技法完成饼干成形,经过烤制成熟。

[学习目标]

（1）巩固使用"糖油调制法"制作面团的方法。
（2）掌握"搓"的技法。
（3）掌握"揉"的方法。
（4）能够按照相关制作方法，在规定时间内完成"巧克力核桃曲奇"的制作。
（5）培养学生养成良好的卫生习惯并遵守行业规范。

### 🎩 二、相关知识

（一）概念

**1．搓**

是指将揉好的面团改成长条状，或将面粉与油融合在一起的操作手法。

（1）搓的方法。

搓面团时，先将揉好的面团改成长条状，双手的手掌摁在分割好的面团上，双手同时施力，边推边搓，前后滚动数次后面团向两侧延伸，成为粗细均匀的圆长条形。

（2）基本要领。

双手动作要协调，搓的时间不宜过长，用力不宜过猛，以免面团断裂。

搓条要粗细均匀，使面团表面光滑。

2．揉

用双手揉制面团，动作要迅速、利落、均匀。

## 三、成品标准

巧克力核桃曲奇形态美观，颜色均匀，质地酥脆，巧克力与核桃口味浓郁，如图2-2-1所示。

图 2-2-1　巧克力核桃曲奇成品标准

## 四、制作准备

### （一）材料

| 黄油 | 200克 | 细砂糖 | 100克 |
| 黄糖 | 100克 | 鸡蛋 | 2个 |
| 低筋面粉 | 400克 | 食盐 | 5克 |
| 苏打粉 | 10克 | 核桃仁 | 100克 |
| 黑巧克力 | 100克 | | |

### （二）必备器具

烤箱、打蛋机、电子秤、橡胶刮铲、搅拌机、分刀、案板、不锈钢刮板、和面盆、烤盘、面粉筛、搅拌桶、方盘。

## 五、制作方法

巧克力核桃曲奇制作步骤如图2-2-2所示。

**步骤一：** 将黄油、细砂糖、黄糖放入搅拌桶中，用慢速将它们搅拌均匀。

**步骤二：** 搅拌均匀后用中速继续搅拌，直至将黄油搅打至蓬松状态。

**步骤三：** 将鸡蛋打成蛋液，分次加入搅拌桶中。

图 2-2-2　巧克力核桃曲奇制作步骤

**步骤四：**
间隔停机，用刮板刮下搅拌桶壁上的材料并放入桶中再继续搅拌。

**步骤五：**
将低筋面粉、苏打粉、食盐过筛混合，再慢慢兑入正在慢速搅拌的原料中。

**步骤六：**
将核桃碎和黑巧克力碎慢慢倒入打好的黄油糊内，再用慢速搅拌成团。

**步骤七：**
将面团放入和面盆内，用保鲜膜封好，放入冰箱冷藏30分钟。

**步骤八：**
将取出后的面团，搓成粗细均匀的圆柱形。

**步骤九：**
用不锈钢刮板将其切成2厘米见方的段。

**步骤十：**
轻柔、快速地用双手将面块揉制成圆球形，放置在烤盘上。

**步骤十一：**
放入烤箱之前用手将圆球轻轻压平。

**步骤十二：**
烤箱温度为190 ℃，烤制时间为12分钟，待制品表面呈棕色即可取出。

**步骤十三：**
将成品码放在盘中。

图 2-2-2　巧克力核桃曲奇制作步骤（续）

## 六、评价标准

评价标准见表 2-2-1。

表 2-2-1 评价标准

| 评价内容 | 评价标准 | 满分 | 得分 |
|---|---|---|---|
| 准备工作 | 优（8～10）；良（7～8）；合格（5～7）；待合格（0～5） | 10 | |
| 操作工序 | 优（25～30）；良（22～25）；合格（20～22）；待合格（0～20） | 30 | |
| 操作时间 | 优（8～10）；良（7～8）；合格（5～7）；待合格（0～5） | 10 | |
| 成品质量 | 优（36～40）；良（32～35）；合格（25～31）；待合格（0～24） | 40 | |
| 卫生情况 | 优（8～10）；良（7～8）；合格（5～7）；待合格（0～5） | 10 | |
| 合计 | | 100 | |

评价标准：优（85～100）；良（75～84）；合格（60～74）；待合格（59及以下）

## 七、课后作业

1．完成"巧克力核桃曲奇"的制作小结。

2．造成饼干口感发硬、不酥脆的原因是什么？下次制作时该如何改进？

## 八、知识链接

核桃的小知识

核桃仁除了生吃之外，还可煮食、炒食、蜜炙、油炸等。一种很好的吃法是把核桃仁和红枣、大米一起熬成核桃粥，这样搭配起来营养丰富。

温馨提示：

（1）核桃中含有较多脂肪，所以若一次吃得太多会影响消化。

（2）有的人喜欢将核桃仁表面的褐色脂皮剥掉，这样会损失一部分营养，所以不要剥掉。

（3）应该长期适量食用核桃。核桃仁中所含的脂肪本身具有很高的热量，如果过量食用又不能被充分利用，就会被人体储存起来，使人发胖。一般来说，每天食用核桃仁 20～40 克为宜，约相当于四五个核桃。

## 九、拓展任务

### 果仁曲奇（Nut Cookies）

#### （一）材料

| | | | |
|---|---|---|---|
| 黄油 | 250 克 | 糖粉 | 100 克 |
| 鸡蛋 | 2 个 | 低筋面粉 | 350 克 |
| 核桃碎 | 150 克 | | |

#### （二）必备器具

烤箱、打蛋机、电子秤、橡胶刮铲、分刀、案板、不锈钢刮板、和面盆、烤盘、面粉筛、方盘。

## 任务三 黄油曲奇

### 一、任务描述

[内容描述]

黄油曲奇（Butter Cookies）使用黄油、糖粉、鸡蛋、低筋面粉等原料，采用"糖油调制法"调制面坯，利用"生面坯挤法"挤制成形，通过烤制成熟。

[学习目标]

（1）了解"挤制法"的概念。
（2）掌握"生面坯"挤的技法。
（3）掌握"黄油曲奇"的烘烤方法。
（4）能够按照标准流程，在规定时间内完成"黄油曲奇"的制作。
（5）培养学生养成良好的卫生习惯并遵守行业规范。

### 二、相关知识

#### （一）挤制法

挤制法又名一次成形法，是指把调制好的饼干面坯装入放有裱花嘴的裱花袋中，直接挤到烤盘上，然后放入烤箱中烘烤成熟。此方法可利用不同的裱花嘴制成各种花纹、形状和大小的饼干，具有简洁实用、成品生产快的特点，是大多数饼干的成形方法。注意，采用这种方法制作饼干时，其面坯内不能含有大颗粒配料。

#### （二）生面坯挤法

制作饼干时，由于使用的裱花嘴不同，挤制生面坯时所用的手法和劲力也不同。

### （三）挤的要求

挤生面坯时，用力要均匀，挤出的制品大小和薄厚应一致，挤出的图案流畅、自然，花纹清晰。

## 三、成品标准

黄油曲奇形态美观，大小和薄厚一致，色泽金黄，花纹清晰，口感酥香，味道香甜，如图 2-3-1 所示。

图 2-3-1　黄油曲奇成品标准

## 四、制作准备

### （一）材料

| 黄油 | 350 克 | 糖粉 | 150 克 |
|---|---|---|---|
| 鸡蛋 | 2 个 | 低筋面粉 | 450 克 |
| 红（绿）樱桃 | 各 10 粒（装饰用） | | |

### （二）必备器具

烤箱、烤盘、电子秤、打蛋器、搅拌桶、分刀、案板、橡胶刮铲、搅拌机、裱花袋、裱花嘴、和面盆、面粉筛。

## 五、制作方法

黄油曲奇制作步骤如图 2-3-2 所示。

**步骤一：**
将黄油、糖粉放入搅拌桶内搅拌，直至发白，呈蓬松状。

**步骤二：**
将鸡蛋逐个加入搅拌桶内。

**步骤三：**
将过筛后的低筋面粉一次性倒入中黄油糊，搅拌均匀。

图 2-3-2　黄油曲奇制作步骤

**步骤四：**
将生面坯放入裱花袋中。

**步骤五：**
以顺时针方向在烤盘中挤出圆形花形。

**步骤六：**
将适量红（绿）樱桃切成小丁。

**步骤七：**
在花形中间放一粒红或绿樱桃丁作为点缀。

**步骤八：**
烘烤温度为190 ℃，烧烤时间为10～15分钟，待制品表面呈金黄色即可取出。

**步骤九：**
将烘烤成熟的曲奇整齐地码放在盘中。

图 2-3-2　黄油曲奇制作步骤（续）

## 六、评价标准

评价标准见表 2-3-1。

表 2-3-1　评价标准

| 评价内容 | 评价标准 | 满分 | 得分 |
| --- | --- | --- | --- |
| 准备工作 | 优（8～10）；良（7～8）；合格（5～7）；待合格（0～5） | 10 | |
| 操作工序 | 优（25～30）；良（22～25）；合格（20～22）；待合格（0～20） | 30 | |
| 操作时间 | 优（8～10）；良（7～8）；合格（5～7）；待合格（0～5） | 10 | |
| 成品质量 | 优（36～40）；良（32～35）；合格（25～31）；待合格（0～24） | 40 | |
| 卫生情况 | 优（8～10）；良（7～8）；合格（5～7）；待合格（0～5） | 10 | |
| 合计 | | 100 | |
| 评价标准：优（85～100）；良（75～84）；合格（60～74）；待合格（59及以下） | | | |

## 七、课后作业

1. 完成"黄油曲奇"的制作小结。
2. 在挤生面坯时,要求所挤出的制品达到什么标准?
3. 如果面坯里含有大颗粒的饼干配料,不适宜用什么方法成形?

## 八、知识链接

### 饼干的由来

饼干最早是由英国人发明的,当时名为"比斯开"(原为法国一个海湾的名称)。一百多年前,一艘英国轮船在比斯开附近的海上航行时,突然遭遇狂风,迷航搁浅,又被礁石撞出了一个洞,海水灌入船中。在这个危难关头,船员们划着船,登上了荒无人烟的孤岛。他们把所带的食物运到小岛上,将面粉拌上奶油、细砂糖,捏成小面团,放在火上烤着吃,口感香脆酥甜。被救回国后,他们为了纪念这次事故,用同样的方法烤了许多小饼吃。"比斯开"从此逐渐流传开来。经过甜点师们的不断改进,逐渐形成了如今品种繁多的饼干。

## 九、拓展任务

**巧克力曲奇(Chocolate Cookies)**

### (一)材料

| | | | |
|---|---|---|---|
| 黄油 | 350 克 | 细砂糖 | 150 克 |
| 鸡蛋 | 2 个 | 低筋面粉 | 400 克 |
| 可可粉 | 50 克 | | |

### (二)必备器具

烤箱、烤盘、电子秤、搅拌桶、打蛋器、分刀、案板、橡胶刮铲、搅拌机、裱花袋、裱花嘴、和面盆、面粉筛。

# 单元三 油脂蛋糕的制作

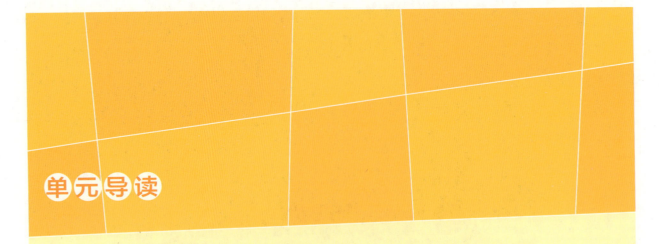

## 单元导读

### 一、任务内容

黄油蛋糕、英式水果蛋糕。

### 二、任务简介

油脂蛋糕是油脂含量较高的一类松软制品，通常指以油脂为主料，辅以各种果料制作而成的蛋糕。油脂蛋糕具有其特有的风味和柔软滑润的质感，入口香甜，回味无穷。按照油脂所占的比例，油脂蛋糕可分为轻油脂蛋糕和重油脂蛋糕，它们都属于面糊类蛋糕。

## 任务一　黄油蛋糕

### 🍳 一、任务描述

[内容描述]

黄油蛋糕（Butter Cake）是常见的西式甜点之一，是配方中油脂含量较高的一种松软制品。黄油蛋糕有浓郁的香味，口味香甜，质感油滑而又分量十足。黄油蛋糕是利用黄油、鸡蛋、细砂糖、低筋面粉等为主要原料，采用"油糖拌和法"调制蛋糕面糊，再使用模具制成熟的。

[学习目标]

（1）掌握用"油糖拌和法"调制面糊的方法。
（2）掌握"黄油蛋糕"的成形方法。
（3）掌握"黄油蛋糕"的成熟方法。
（4）能按照标准流程，在规定时间内完成黄油蛋糕的制作。
（5）培养学生养成良好的卫生习惯并遵守行业规范。

### 🍳 二、相关知识

#### （一）油脂蛋糕面糊调制

**1. 工艺方法**

油脂蛋糕面糊的调制大多采用"油糖拌和法"，即先将黄油和细砂糖放在容器中充分搅打，使其中融合大量的空气，待体积膨胀后加入蛋液搅拌至呈白色，再将其他配料依次放入并搅拌均匀。采用此种方法制作出的蛋糕体积大，而且松软细腻。

**2. 注意事项**

（1）根据油脂蛋糕的用料配方正确选择调制面糊的方法和操作规程。
（2）若使用油糖拌和法调制面糊，在加入鸡蛋时不能一次加足，以防止将面糊搅散。

### (二)油脂蛋糕的成形

**1. 工艺方法**

油脂蛋糕的成形主要依靠模具。油脂蛋糕面糊填充量的多少是由模具的大小决定的。油脂蛋糕面糊的填充量一般以模具的七八成满为宜。因为油脂蛋糕面糊在成熟过程中仍继续涨发,如果填充量过多,加热后易使蛋糕面糊溢出模具,影响制品外形的美观,还会浪费蛋糕糊料。相反,如果模具中面糊的填充量过少,在制品成熟的过程中,如果坯料里的水分蒸发得过多,也会影响松软度,容易使成品干燥、坚硬,失去应有的风味和特点。

**2. 注意事项**

(1)根据需要选择合适的模具。

(2)油脂蛋糕面糊的填充量要适宜,不能过多,也不能过少。

(3)浇注灌模成形时,应使面糊表面尽量平整,否则会使制品不够美观。

(4)为防止油脂蛋糕成熟后的形状受损,应在模具上涂一层油或垫上一层油纸。

### (三)油脂蛋糕的成熟

油脂蛋糕主要通过烘烤成熟。烘烤是一项技术性较强的工作,技术水平的高低是决定油脂蛋糕成品质量好坏的关键因素之一。

油脂蛋糕成熟的一般方法是根据制品特点将烤炉预热至适宜的温度,然后将成形的半成品放入烤箱,使其成熟。

(1)温度:油脂蛋糕的成熟与烘烤时烤箱的温度有重要关系。一般情况下,油脂蛋糕在烘烤时所需的温度为180~200 ℃。

(2)时间:影响油脂蛋糕成熟的另一个因素是烘烤时间。烘烤时间对油脂蛋糕的品质影响较大,应根据蛋糕的大小具体设置,一般为60分钟。如果油脂蛋糕烘烤时间过短,蛋糕内部发黏,不能完全成熟;如果烘烤时间过长,则会造成内部干燥,表层硬脆,严重影响成品质量。

油脂蛋糕的重量、大小、形状等,也影响着其在烘烤过程中的温度和时间。制品越重、面积越大、越厚,需要的温度则越低,时间也就越长。

## 三、成品标准

黄油蛋糕色泽金黄,富有弹性,质地松软,口味香甜,黄油味道浓郁,如图3-1-1所示。

图3-1-1 黄油蛋糕成品标准

## 四、制作准备

### （一）材料

| | | | |
|---|---|---|---|
| 黄油 | 500 克 | 细砂糖 | 500 克 |
| 鸡蛋 | 10 个 | 低筋面粉 | 500 克 |
| 泡打粉 | 10 克 | 黄梅果胶 | 50 克（装饰用） |
| 杏仁片 | 100 克（装饰用） | | |

### （二）必备器具

烤箱、小刀、打蛋机、橡胶刮板、电子秤、刮板、和面盆、长方形模具、搅拌机、搅拌桶、烤盘、面粉筛。

## 五、制作方法

黄油蛋糕制作步骤如图 3-1-2 所示。

**步骤一：** 取适量杏仁片，烘烤成金黄色备用。

**步骤二：** 将黄油、细砂糖依次放入搅拌桶内，用慢速搅拌，使其混合均匀。

**步骤三：** 搅拌过程应间隔停机几次，用刮板刮下搅拌桶壁上的食材后放入桶中继续搅拌。

**步骤四：** 快速将混合物搅拌至松软发白。

**步骤五：** 分次加入蛋液，注意，用匀速搅拌至蛋液被完全吸收后，才能再次加入。

**步骤六：** 间隔停机，用刮板刮下搅拌桶壁上的食材后继续搅拌，以确保其均匀混合。

图 3-1-2　黄油蛋糕制作步骤

**步骤七：**
在加入蛋液的最后阶段，会出现油水分离的现象。

**步骤八：**
将少量面粉加入黄油糊中搅拌，直至混合物变为黏稠状。

**步骤九：**
将剩余的粉料倒入搅拌桶中，用慢速搅拌均匀。

**步骤十：**
将面糊装入模具中并抹平。面糊的填充量通常以模具的七八成满为宜。

**步骤十一：**
将面糊放入烤箱，烘烤温度为190 ℃，烘烤时间为50分钟左右。

**步骤十二：**
黄油蛋糕的检验：将小刀插入蛋糕底部，拔出后若表面光滑无附着物即为成熟。

**步骤十三：**
烘烤成熟的蛋糕富有弹性，表面呈金黄色。

**步骤十四：**
待蛋糕脱模冷却后，在其表面刷上黄梅果胶。

**步骤十五：**
再将烤熟的杏仁片均匀地撒在蛋糕表面。

图3-1-2　黄油蛋糕制作步骤（续）

## 六、评价标准

评价标准见表3-1-1。

表3-1-1　评价标准

| 评价内容 | 评价标准 | 满分 | 得分 |
|---|---|---|---|
| 准备工作 | 优（8～10）；良（7～8）；合格（5～7）；待合格（0～5） | 10 | |
| 操作工序 | 优（25～30）；良（22～25）；合格（20～22）；待合格（0～20） | 30 | |
| 操作时间 | 优（8～10）；良（7～8）；合格（5～7）；待合格（0～5） | 10 | |
| 成品质量 | 优（36～40）；良（32～35）；合格（25～31）；待合格（0～24） | 40 | |
| 卫生情况 | 优（8～10）；良（7～8）；合格（5～7）；待合格（0～5） | 10 | |
| 合计 | | 100 | |
| | 评价标准：优（85～100）；良（75～84）；合格（60～74）；待合格（59及以下） | | |

## 七、课后作业

1．完成"黄油蛋糕"的制作小结。
2．烤箱温度和烘烤时间对"油脂蛋糕"有何影响？

## 八、知识链接

### 磅蛋糕起源

磅蛋糕在蛋糕界的地位如同雪糕界的香草冰激凌一样，是基础中的基础，经典中的经典，元老中的元老！

磅蛋糕起源于18世纪的英国。当时的磅蛋糕只有4种等量的材料，即1磅糖、1磅面粉、1磅鸡蛋、1磅黄油。因为每种材料各占1/4，所以传到法国时，也叫1/4蛋糕。

从配方看，18世纪末的磅蛋糕主要有2种，即全蛋式和分蛋式磅蛋糕，但即使是分蛋式，也没有把蛋白全部打发，使用的还是最简单的分开加入法。

在那个年代，也没有什么打发技术，在称量方面也不太精确，基本上就是混合搅拌，所以做出来的蛋糕质地也较为粗糙。经过几百年的发展，烘焙专家逐渐修改了配方，使磅蛋糕变得柔软细致。

19世纪中期，磅蛋糕的配方比例开始有了更大的调整，开始向口味清淡的方向发展。到了20世纪，烘焙粉、小苏打等也开始被加入磅蛋糕中。

现今，制作磅蛋糕所用的材料在比例上不再局限于最初的各占1/4，还加入了鲜奶油等。

## 九、拓展任务

### 巧克力玛芬（Chocolate Muffin）

#### （一）材料

| | | | |
|---|---|---|---|
| 黄油 | 500 克 | 细砂糖 | 500 克 |
| 鸡蛋 | 8 个 | 低筋面粉 | 650 克 |
| 泡打粉 | 20 克 | 牛奶 | 500 毫升 |
| 巧克力豆 | 200 克 | | |

#### （二）必备器具

电子秤、烤箱、烤盘、打蛋机、裱花嘴、裱花袋、橡胶刮铲、和面盆、面粉筛、搅拌机、搅拌桶、模具。

## 任务二 英式水果蛋糕

### 一、任务描述

**[内容描述]**

英式水果蛋糕（English Fruit Cake）是英国的传统蛋糕品种之一，是油脂含量较高的一种松软制品，入口有黄油的浓香，细细品味后不仅有杂果皮的甜香，还掺杂着甜酒的醇香。

**[学习目标]**

（1）掌握"油糖拌和法"的调制方法。
（2）掌握"英式水果蛋糕"的成形和烘烤方法。
（3）能按照标准流程，在规定时间内完成"英式水果蛋糕"的制作。
（4）培养学生养成良好的卫生习惯并遵守行业规范。

### 二、相关知识

请参阅黄油蛋糕相关知识，此处不再赘述。

### 三、成品标准

英式水果蛋糕色泽均匀，香甜可口、果味香浓、富有弹性，如图3-2-1所示。

图 3-2-1 英式水果蛋糕成品标准

## 四、制作准备

### （一）材料

**1. 英式水果蛋糕**

| | | | |
|---|---|---|---|
| 黄油 | 350克 | 细砂糖 | 350克 |
| 鸡蛋 | 7个 | 杂果皮 | 350克 |
| 朗姆酒 | 10毫升 | 低筋面粉 | 450克 |

**2. 表面装饰**

| | | | |
|---|---|---|---|
| 杏酱 | 100克 | 开心果的果仁 | 20克 |
| 翻砂糖 | 100克 | | |

### （二）必备器具

烤箱、打蛋器、橡胶刮板、锯齿刀、电子秤、和面盆、长方形模具、烤盘、刷子、网架、面粉筛、搅拌机、搅拌桶。

## 五、制作方法

英式水果蛋糕制作步骤如图3-2-2所示。

**步骤一：** 将过筛泡打粉与面粉混合。

**步骤二：** 将朗姆酒倒入杂果皮中拌匀。

**步骤三：** 给杂果皮包上一层面粉，放在一旁备用。

图3-2-2 英式水果蛋糕制作步骤

**步骤四：**
将黄油、细砂糖放入搅拌桶中搅拌，至发白且呈蓬松状态。

**步骤五：**
分次加入蛋液，每次需先将蛋液搅拌至完全被吸收后再加入新的蛋液。

**步骤六：**
间隔停机，刮下搅拌桶边上的食材继续放入桶中搅拌均匀。

**步骤七：**
再加入腌渍好的杂果皮，用慢速搅拌成面糊。

**步骤八：**
将过筛后的粉料加入黄油糊中，用慢速搅拌均匀。

**步骤九：**
将面糊装入模具中抹平。面糊的填充量一般以模具的七八成满为宜。

**步骤十：**
烘烤温度为200℃，烘烤时间为50～60分钟，待制品表面呈金黄色即可取出。

**步骤十一：**
待制品冷却后，将其从模具中取出放在网架上。

**步骤十二：**
在表面均匀地刷上一层煮好的杏酱。

图3-2-2　英式水果蛋糕制作步骤（续）

**步骤十三：** 将调制好的细砂糖覆盖在杏酱表面。

**步骤十四：** 将开心果碎撒在蛋糕中间。

**步骤十五：** 用锯齿刀将蛋糕切成厚度1厘米左右的薄片。

**步骤十六：** 将装饰好的蛋糕摆放在盘中。

图 3-2-2　英式水果蛋糕制作步骤（续）

## 六、评价标准

评价标准见表 3-2-1。

表 3-2-1　评价标准

| 评价内容 | 评价标准 | 满分 | 得分 |
|---|---|---|---|
| 准备工作 | 优（8～10）；良（7～8）；合格（5～7）；待合格（0～5） | 10 | |
| 操作工序 | 优（25～30）；良（22～25）；合格（20～22）；待合格（0～20） | 30 | |
| 操作时间 | 优（8～10）；良（7～8）；合格（5～7）；待合格（0～5） | 10 | |
| 成品质量 | 优（36～40）；良（32～35）；合格（25～31）；待合格（0～24） | 40 | |
| 卫生情况 | 优（8～10）；良（7～8）；合格（5～7）；待合格（0～5） | 10 | |
| 合计 | | 100 | |
| 评价标准：优（85～100）；良（75～84）；合格（60～74）；待合格（59及以下） | | | |

## 七、课后作业

1. 完成"英式水果蛋糕"的制作小结。
2. 如果油脂蛋糕烘烤时间不够，制品会出现什么问题？

## 八、知识链接

### 朗姆酒的选择和用法

糕点用朗姆酒大致可分为黑朗姆酒和白朗姆酒两种，因其度数高，通常也用来腌制干果。黑朗姆酒色黑，且香味和口感都比较浓厚，适合用于制作色深、味浓的点心，尤其和葡萄干、巧克力简直是绝配。如果使用黑朗姆酒腌制干果，干果的颜色会变得不再鲜艳。白朗姆酒与黑朗姆酒相比，味道更加柔和、清淡，可用于制作奶酪蛋糕。白朗姆酒无色，不用担心其会破坏糕点和干果的颜色。

## 九、拓展任务

### 云石蛋糕（Marble Cake）

#### （一）材料

| | | | |
|---|---|---|---|
| 黄油 | 500 克 | 细砂糖 | 500 克 |
| 鸡蛋 | 10 个 | 低筋面粉 | 470 克 |
| 可可粉 | 30 克 | 泡打粉 | 10 克 |
| 香草油 | 5 毫升 | | |

#### （二）必备器具

电子秤、打蛋机、烤箱、烤盘、裱花嘴、裱花袋、模具、小型西餐刀、橡胶刮铲、和面盆、搅拌机、搅拌桶、滤茶网、面粉筛。

# 单元四　清蛋糕的制作

## 一、任务内容

瑞士水果蛋卷、奶油水果蛋糕。

## 二、任务简介

清蛋糕又称为海绵蛋糕、乳沫蛋糕。制作蛋糕面糊时，凡是不加或加入少量油脂的，都可称为清蛋糕面糊，用这种面糊制成的蛋糕就是清蛋糕。清蛋糕具有色泽金黄、质地松软、口感柔软细腻、口味香甜的特点。清蛋糕在西式面点中应用得极为广泛，常被用来制作各类奶油甜点和蛋糕（如海绵蛋糕、黑森林蛋糕、瑞士蛋卷、手指饼干、天使蛋糕等）的坯料。

## 任务一　瑞士水果蛋卷

### 一、任务描述

**[内容描述]**

瑞士水果蛋卷（Swiss Fruit Roll）是一种传统的蛋糕。其口味香甜，口感绵软细腻，是西式面点中最常见的制品之一。它的主要原料有鸡蛋、细砂糖、低筋面粉、淡奶油以及各种新鲜水果。具体制作方法是先通过"分蛋搅打法"完成瑞士蛋卷的制作，再采用"抹"和"卷"的方法将蛋卷卷起，最后切割完成。

**[学习目标]**

（1）掌握"分蛋搅打法"的技巧。
（2）掌握"抹"的方法。
（3）掌握"卷"的方法。
（4）掌握"锯切"的方法。
（5）能够按照标准流程，在规定时间内完成"瑞士水果蛋卷"的制作。
（6）培养学生养成良好的卫生习惯并遵守行业规范。

### 二、相关知识

#### （一）分蛋搅打法

分蛋搅打法也叫"清打法"，即将蛋白、蛋黄分别置于两个干净的和面盆中，先用打蛋机将蛋黄搅打成乳黄色；再将蛋白搅打至气泡细小而且均匀的状态，慢慢加入细砂糖搅打；最后将打好的蛋白、蛋黄混合成蛋黄糊，再加入粉类原料搅拌。

#### （二）抹

抹是将调制好的糊状原料用工具平铺均匀，使制品平整光滑的一种操作方法。比如，制作蛋卷时应采用"抹"的方法，不仅要把蛋糕糊均匀地平抹在烤盘上，而且待制品成熟后还要将打发淡奶油抹在表面，使其平整光滑。注意，在使用"抹"的方法时，握刀具的手法要平稳，用力要均匀。

### （三）卷

卷是将制品涂抹上馅料，从头至尾、由小到大卷起的方法。双手用力要一致，卷制的制品不能有空心，粗细要保持一致。

### （四）锯切

锯切是使锯齿刀与制品处于垂直状态，在下刀的同时前后推拉，反复数次后再切断的一种方法。切酥脆类、绵软类制品时都采用此种方法，目的是保证制品形态完整。

## 三、成品标准

瑞士水果蛋卷成品色泽金黄，薄厚一致，口味香甜，口感绵软细腻，如图4-1-1所示。

图 4-1-1　瑞士水果蛋卷成品标准

## 四、制作准备

### （一）材料

**1．瑞士蛋卷**

| 蛋黄 | 175 克 | 细砂糖 | 175 克 |
| 蛋白 | 250 克 | 玉米淀粉 | 35 克 |
| 低筋面粉 | 100 克 | | |

**2．馅料和装饰**

| 淡奶油 | 500 克 | 糖粉 | 50 克 |
| 草莓 | 20 个 | 猕猴桃 | 4 个 |
| 芒果 | 4 个 | 糖粉 | 50 克（装饰用） |
| 黑巧克力 | 100 克 | | |

### （二）必备器具

电子秤、和面盆、橡胶刮板、刮板、弯柄抹刀、锯齿刀、打蛋器、擀面杖、面粉筛、滤茶网、不锈钢尺、烤箱、烤盘、油纸、案板、分刀、搅拌机、搅拌桶。

## 五、制作方法

瑞士水果蛋卷制作步骤如图 4-1-2 所示。

**步骤一：**
将蛋黄与细砂糖放入搅拌桶内，快速搅打至乳黄色。

**步骤二：**
将打好的蛋黄倒入和面盆内。

**步骤三：**
将蛋白打发，使其呈细腻的摩丝状。

**步骤四：**
将搅拌机速度调慢，慢慢撒入细砂糖。

**步骤五：**
将打好的蛋白取出。

**步骤六：**
先将1/3打发蛋白与蛋黄混合均匀，再加入剩余的2/3蛋白搅拌。

**步骤七：**
将过筛粉料慢慢倒入蛋糊内，边倒边将其搅拌均匀。

**步骤八：**
将面糊全部倒入铺了油纸的烤盘内，用抹刀将其铺平。

**步骤九：**
放入210℃烤箱内烤制12分钟，待表面金黄色后取出，晾凉备用。

图 4-1-2　瑞士水果蛋卷制作步骤

**步骤十：**
将冷却后的蛋卷表面朝下扣在油纸上，把蛋卷上面的油纸撕掉。

**步骤十一：**
将调制好的淡奶油放在蛋卷上，用弯柄抹刀将奶油抹平。

**步骤十二：**
将切好的水果码放整齐。

**步骤十三：**
用油纸配合擀面杖将蛋卷卷起。

**步骤十四：**
卷好后，将擀面杖取出，左手按在下面的油纸上，右手用不锈钢尺压住上面的油纸，用力向前推，这样可以使卷好的蛋卷更加紧实。

**步骤十五：**
将卷好的蛋卷收口朝下放进烤盘中，再放入冰箱中冷藏1小时。

**步骤十六：**
取出后，先将蛋卷一头切齐。

**步骤十七：**
再用锯齿刀将其切成厚约3厘米的片。

**步骤十八：**
将不锈钢尺搭在蛋卷表面，在上面粉筛上糖粉。

图 4-1-2　瑞士水果蛋卷制作步骤（续）

**步骤十九：** 在没有糖粉覆盖的蛋卷表面挤上奶油花。

**步骤二十：** 将巧克力片插入奶油花中间。

**步骤二十一：** 将制作完成的蛋卷装入盘中。

图 4-1-2　瑞士水果蛋卷制作步骤（续）

## 六、评价标准

评价标准见表 4-1-1。

表 4-1-1　评价标准

| 评价内容 | 评价标准 | 满分 | 得分 |
| --- | --- | --- | --- |
| 准备工作 | 优（8~10）；良（7~8）；合格（5~7）；待合格（0~5） | 10 | |
| 操作工序 | 优（25~30）；良（22~25）；合格（20~22）；待合格（0~20） | 30 | |
| 操作时间 | 优（8~10）；良（7~8）；合格（5~7）；待合格（0~5） | 10 | |
| 成品质量 | 优（36~40）；良（32~35）；合格（25~31）；待合格（0~24） | 40 | |
| 卫生情况 | 优（8~10）；良（7~8）；合格（5~7）；待合格（0~5） | 10 | |
| 合计 | | 100 | |
| 评价标准：优（85~100）；良（75~84）；合格（60~74）；待合格（59及以下） | | | |

## 七、课后作业

1．完成"瑞士水果蛋卷"的制作小结。

2．常见的蛋糕卷还有哪些口味和装饰方法？

## 八、知识链接

### 蛋卷的发展过程

关于蛋卷的发展过程一般有两种说法：一种认为它起源于瑞士海绵蛋糕卷"鲁拉

德";另一种则认为是起源于法国的"圣诞树干蛋糕"。当年维多利亚女王到瑞士旅游时,将蛋糕卷带回了本国,使这款点心普及起来。因为制作过程大多以瑞士的"鲁拉德"为模板加以改良,所以就将其称为"瑞士蛋卷"。

## 九、拓展任务

### 巧克力蛋卷(Chocolate Roll)

#### (一)材料

**1. 巧克力蛋卷**

| | | | |
|---|---|---|---|
| 蛋黄 | 170克 | 细砂糖 | 200克 |
| 蛋白 | 250克 | 可可粉 | 25克 |
| 低筋面粉 | 100克 | | |

**2. 馅料及装饰**

| | | | |
|---|---|---|---|
| 打发淡奶油 | 300克 | 杏仁片 | 200克 |
| 可可粉 | 20克 | | |

#### (二)必备器具

电子秤、和面钢盆、橡胶刮板、刮板、抹刀、锯齿刀、打蛋器、擀面杖、面粉筛、滤茶网、不锈钢尺、烤箱、搅拌桶、搅拌机、烤盘、油纸、案板、分刀。

# 任务二　奶油水果蛋糕

## 一、任务描述

[内容描述]

奶油水果蛋糕（Cream Fruit Cake）是一款常见的蛋糕制品。其口感绵软，口味香甜，质感蓬松、形似海绵。奶油水果蛋糕的主要原料有鸡蛋、细砂糖、低筋面粉、各种杂果及淡奶油，采用"全蛋搅打法"，经过"抹""裱型""锯切"制作而成。

[学习目标]

（1）掌握"全蛋搅打法"的技法。
（2）巩固"抹"的技法。
（3）能够利用"裱型"技法完成表面装饰。
（4）巩固"锯切"的技法。
（5）能够按照标准流程，在规定时间内完成"奶油水果蛋糕"的制作。
（6）培养学生养成良好的卫生习惯并遵守行业规范。

## 二、相关知识

### （一）全蛋搅打法

全蛋搅打法也称为"混打法"，是一种将鸡蛋和细砂糖放入搅拌桶中，用打蛋器搅打至蛋液体积比原体积膨大3倍左右的乳白色稠糊状后，再加入过筛面粉调拌均匀的方法。使用这种方法制作出的清蛋糕坯，被广泛用于制作西点中各式蛋糕的坯料。

### （二）抹

抹是对蛋糕做进一步装饰的基础。在装饰之前，先将打发淡奶油平整均匀地抹在蛋糕表面，为成品的造型与美化创造了有利的条件。

### （三）裱型的概念、方法与要求

**1．裱型的概念**

裱型就是将用料装入裱花袋中，用手挤压，使装饰用料从裱花嘴中挤出，形成各种各样的艺术图案和造型。

**2．裱型的方法**

裱型时，右手虎口捏住裱花袋上部，右手手掌紧握裱花袋；左手轻扶裱花袋，以不阻挡视线为原则，并以45°角对着蛋糕表面挤出。

**3．裱型要求**

（1）在使用鲜奶油裱型时，要尽量缩短操作时间，并在温度较低的室温下进行，以减少温度对鲜奶油的影响。另外，在调制鲜奶油时，也要尽量将其打发到细腻、软硬度适合的程度，以利于使用。

（2）裱制蛋糕时，要做到图案纹路清晰，线条流畅自然，大小均匀，薄厚一致。

## 三、成品标准

奶油水果蛋糕成品形态完整，色泽美观，质地绵软，口味香甜，如图4-2-1所示。

图 4-2-1　奶油水果蛋糕成品标准

## 四、制作准备

### （一）材料

**1．海绵蛋糕坯**

| | | | |
|---|---|---|---|
| 鸡蛋 | 8个 | 细砂糖 | 250克 |
| 低筋面粉 | 175克 | 玉米淀粉 | 50克 |
| 黄油 | 50克 | | |

**2．糖水**

| | | | |
|---|---|---|---|
| 清水 | 200毫升 | 细砂糖 | 100克 |
| 樱桃酒 | 10毫升 | | |

**3．馅料与装饰**

| | | | |
|---|---|---|---|
| 打发淡奶油 | 1 000克 | 糖粉 | 100克 |
| 杂果罐头 | 1罐 | 烤熟的杏仁片 | 200克 |
| 橙子 | 2个 | 草莓 | 5个 |
| 开心果的果仁 | 10个 | 黑巧克力 | 100克 |

## （二）必备器具

烤箱、烤盘、橡胶刮板、抹刀、纸板、网架、锯齿刀、转盘、打蛋器、蛋糕圈、面粉筛、模具、少司锅、刷子、案板、分刀、小型西餐刀、裱花嘴、裱花袋。

## 五、制作方法

奶油水果蛋糕制作步骤如图 4-2-2 所示。

**步骤一：**
将鸡蛋、细砂糖放入搅拌桶中。

**步骤二：**
搅打至呈乳白色黏稠糊状，体积是原有体积的 3 倍。

**步骤三：**
将过筛后的粉类原料分次匀速倒入蛋糊中搅拌均匀。

**步骤四：**
再加入融化的黄油，搅拌均匀。

**步骤五：**
将混合好的蛋糕糊倒入模具中，八成满即可，再用刮板抹平。

**步骤六：**
放入温度为 200 ℃ 的烤箱烘烤 30 分钟，待蛋糕发起且表面金黄色时，将温度降至 180°再烤 10 分钟，使蛋糕成熟即可。

图 4-2-2　奶油水果蛋糕制作步骤

**步骤七：**
将抹刀垂直沿模具内壁插入，贴住蛋糕圈的边缘沿顺时针旋转，将蛋糕坯取出。

**步骤八：**
用锯齿刀将蛋糕坯的底层纸板片掉。

**步骤九：**
换上一片与蛋糕坯同样大小的纸板。

**步骤十：**
用分刀将蛋糕坯表面片平。

**步骤十一：**
将蛋糕坯均匀片成三等分，并将周围的蛋糕渣清理干净。

**步骤十二：**
将上面两层取下，在最底层表面刷上一层糖水。

**步骤十三：**
右手轻握抹刀把手的前端，将打好的淡奶油放在蛋糕片中间，然后将抹刀的前端放在蛋糕片的中心点上，食指搭在抹刀表面呈30°角，前后推拉，直至将奶油涂抹均匀。

**步骤十四：**
在蛋糕片表面码放什锦杂果。
【小提示】水果要码放均匀，以避免第二片蛋糕放不平。

**步骤十五：**
按此方法完成第二层的制作。
【小提示】每放一层蛋糕片后，都要用手轻轻压平，这样既方便下一层的制作，又可以让蛋糕坯与奶油紧密相连，方便切割成形。

图 4-2-2　奶油水果蛋糕制作步骤（续）

**步骤十六：**
在第三片蛋糕表面刷一层糖水。

**步骤十七：**
在表面放上适量奶油，左手以蛋糕中心为轴抹刀翘起30°角向前、向后推抹，右手轻轻将转盘向后拉动，将奶油铺满整个蛋糕表面。

**步骤十八：**
抹刀与转盘垂直，用奶油将侧面的蛋糕坯抹平整。

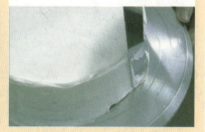

**步骤十九：**
再将蛋糕表面修饰平整光滑。

**步骤二十：**
用抹刀的前端刮掉转盘上多余的奶油。

**步骤二十一：**
左手托住蛋糕坯底部，右手将蛋糕坯四周贴匀烤好的杏仁片。

**步骤二十二：**
将蛋糕放回转盘上时，借助抹刀将其放平，并将四周的杏仁片拍平。

**步骤二十三：**
用锯切的方法将蛋糕分为十等份。

**步骤二十三四：**
用裱花嘴在每块蛋糕上挤出奶油花。

图 4-2-2　奶油水果蛋糕制作步骤（续）

**步骤二十五：**
将切好的橙子整齐地摆放在蛋糕表面，使橙子尖向前，尾部插入奶油花内。

**步骤二十六：**
再依次放入切好的草莓。

**步骤二十七：**
在奶油夹角的位置放上开心果的果仁。

**步骤二十八：**
取出备好的巧克力弹簧卷，并迅速将其摆放在蛋糕上。

**步骤二十九：**
在蛋糕中间撒上开心果碎。

**步骤三十：**
双手配合，将分割完毕的蛋糕放入盘中。

图 4-2-2　奶油水果蛋糕制作步骤（续）

## 六、评价标准

评价标准见表 4-2-1。

表 4-2-1　评价标准

| 评价内容 | 评价标准 | 满分 | 得分 |
|---|---|---|---|
| 准备工作 | 优（8～10）；良（7～8）；合格（5～7）；待合格（0～5） | 10 | |
| 操作工序 | 优（25～30）；良（22～25）；合格（20～22）；待合格（0～20） | 30 | |
| 操作时间 | 优（8～10）；良（7～8）；合格（5～7）；待合格（0～5） | 10 | |
| 成品质量 | 优（36～40）；良（32～35）；合格（25～31）；待合格（0～24） | 40 | |
| 卫生情况 | 优（8～10）；良（7～8）；合格（5～7）；待合格（0～5） | 10 | |
| 合计 | | 100 | |
| 评价标准：优（85～100）；良（75～84）；合格（60～74）；待合格（59 及以下） | | | |

## 七、课后作业

1. 完成"奶油水果蛋糕"的制作小结。
2. 你知道清蛋糕类制品在西式面点中是怎样应用的吗？

## 八、知识链接

### 黑森林蛋糕的由来

黑森林蛋糕的雏形最早出现于德国南部黑森林地区。相传，每当樱桃丰收时，农妇们除了将过剩的樱桃制成果酱外，也会大方地将樱桃一颗颗塞在蛋糕夹层里，或是将其作为装饰，点缀在蛋糕表面。另外，人们在调制鲜奶油时，也会加入大量樱桃汁。制作蛋糕坯时，面糊中也加入樱桃汁或樱桃酒。这种以樱桃与鲜奶油为主的蛋糕从黑森林传到外地后，也就成为所谓的"黑森林蛋糕"了。

目前，大部分面点师在制作黑森林蛋糕时会使用不少巧克力，因为蛋糕表面的黑色巧克力碎屑可以让人联想到美丽的黑森林，于是很多人认为这款蛋糕由此而得名。其实黑森林蛋糕中真正的主角，是鲜美的樱桃。

## 九、拓展任务

**黑森林蛋糕（Black Forest Cake）**

### （一）材料

**1. 黑森林蛋糕坯**

| | | | |
|---|---|---|---|
| 蛋黄 | 200 克 | 细砂糖 | 200 克 |
| 蛋白 | 300 克 | 杏仁粉 | 200 克 |
| 低筋面粉 | 200 克 | 黄油 | 100 克 |
| 可可粉 | 80 克 | | |

**2. 馅料及装饰**

| | | | |
|---|---|---|---|
| 打发淡奶油 | 500 克 | 酸樱桃馅 | 300 克 |
| 巧克力 | 200 克 | 樱桃酒 | 20 毫升 |

### （二）必备器具

烤箱、烤盘、橡胶刮板、抹刀、锯齿刀、转盘、打蛋器、蛋糕圈、网架、面粉筛、少司锅、刷子、案板、分刀、小型西餐刀、裱花嘴、裱花袋。

单元五　泡芙的制作

## 单元导读

### 一、任务内容

奶油泡芙。

### 二、任务简介

泡芙是英文"Puff"的译音,中文也会称之为"气鼓",是一款源于意大利的点心制品,非常流行。它是用烫面团制成的一类点心,具有外表松脆、色泽金黄、形状美观、食用方便、口味丰富等特点。泡芙类制品主要有两类,一类是圆形的奶油泡芙(Cream Puff);另一类是长形的泡芙条(eclair)。两类泡芙所用的泡芙面糊完全相同,只是根据成形手法的差异产生了形状变化。

# 任务　奶油泡芙

## 一、任务描述

[内容描述]

奶油泡芙是用液体原料（水或牛奶）加黄油煮沸后烫制面粉，搅入鸡蛋，再通过挤糊、烘烤、填充馅料等工艺而制成的一种点心。

[学习目标]

（1）掌握"泡芙"面糊的调制方法。
（2）掌握"泡芙"面糊的成形方法。
（3）掌握"泡芙"的成熟方法。
（4）能够按照标准流程，在规定时间内完成"泡芙"面糊的制作。
（5）培养学生养成良好的卫生习惯并遵守行业规范。

## 二、相关知识

### （一）泡芙面糊的调制

**1．特性**

泡芙是常见的西式点心，是用烫制面团制成的，具有外表松脆、色泽金黄、形状美观、食用方便、口味丰富等特点。由于所用馅心不同，口味和特点也各不相同，常见的品种有奶油泡芙、巧克力泡芙条、咖啡泡芙条等。

泡芙面糊是由液体原料、黄油、低筋面粉加鸡蛋制成的。它的涨发主要是由面糊中各种原料的特性及特殊的工艺方法——烫制面团造成的。

**2．一般用料**

泡芙面糊的一般用料主要是黄油、低筋面粉、鸡蛋、清水等。

黄油是制作泡芙面糊必备的原料，它具有起酥性和柔软性，这种起酥性能使烘烤后的泡芙外表具有松脆。

泡芙中的面粉是干性原料，其中含有蛋白质、淀粉等多种物质。淀粉在水的作用下可以膨胀，当温度超过 90 ℃时，水会渗入淀粉颗粒内部并使之膨大。随着体积的不断增加，淀粉颗粒逐渐破裂，当破裂的淀粉颗粒相互黏连时，淀粉就产生了黏性，形成了泡芙的骨架。

水是烫制面粉的必备原料，在泡芙的烘烤过程中，其可以在温度的作用下起到使泡芙体积膨大的作用。

鸡蛋中的蛋白是胶体蛋白，具有起泡性，与烫制的面糊一起搅打，使面糊具有延伸性，能增强面糊在气体膨胀时的承受力。蛋白质的热凝固性能使增大的体积固定不变。此外，鸡蛋中蛋黄的乳化性能使制品变得柔软、光滑。

3．工艺方法

泡芙面糊的调制工艺，直接影响制成品的质量。泡芙面糊的调制一般由两个过程组成。一是烫面，具体方法是将清水或牛奶、黄油、食盐等原料放入容器中，上火煮开，待黄油完全溶化后倒入过筛的面粉，用木勺快速搅拌，直至面团烫熟、烫透撤离火位。二是搅糊，具体方法是待面糊温度降至 60 ℃左右时，将鸡蛋分次加入面糊中并搅拌均匀。

检验面糊稠度的方法是用木铲将面糊挑起，当面糊能均匀、缓慢地向下流动时，即达到质量要求。若面糊流得过快，则说明面糊太稀，即鸡蛋量不够。

4．注意事项

（1）调制面糊时，要注意使面粉完全烫透、烫熟。

（2）面粉必须过筛，避免在烫制时产生面粉颗粒。

（3）烫制面粉时，要快速地将其搅拌均匀后马上离火。

（4）待面糊稍冷却后再放入鸡蛋。

### （二）泡芙面糊的成形

调制好泡芙面糊后，即可进入成形阶段。泡芙面糊成形的好坏，直接关系到成品的形态是否美观以及大小是否合适。通常选择挤制成形的方法使泡芙成形。

具体工艺过程如下：

（1）准备好干净的烤盘，在上面刷一层薄薄的油。

（2）将调制好的泡芙面糊装入带有裱花嘴的裱花袋中，将其挤在烤盘上，使之形成所需的品种和花形。

（3）成形后立即放入烤箱中烘烤。

### （三）泡芙面糊的成熟

烘烤温度约为 200 ℃，烘烤时间约为 25 分钟，将泡芙烘烤至呈金黄色，内部成熟即可取出。

泡芙烘烤时，尤其是在进炉后前段时间内，对温度的要求很高。在烘烤的开始阶段，应避免打开烤箱门查看烘烤情况，以防由于温度过低而导致表皮过早干硬，从而影响泡芙的涨发。在泡芙烘烤的后期阶段，泡芙已经涨发到最大限度，制品表皮开始"碳化"。为保证制品色泽金黄，此时应适当降低烘烤温度，使泡芙表皮酥脆。

## 三、成品标准

奶油泡芙色泽金黄，大小一致，口感细腻香甜，如图 5-1-1 所示。

图 5-1-1　奶油泡芙成品标准

## 四、制作准备

### （一）材料

**1．泡芙面糊**

| 低筋面粉 | 200 克 | 牛奶 | 125 毫升 |
| 鸡蛋 | 6 个 | 细砂糖 | 15 克 |
| 黄油 | 150 克 | 清水 | 125 毫升 |

**2．吉士酱及装饰**

| 吉士酱 | 500 克 | 打发淡奶油 | 250 克 |
| 糖粉 | 50 克 | | |

### （二）必备器具

电子秤、烤箱、烤盘、裱花袋、裱花嘴、搅拌机、搅拌桶、少司锅、木铲、橡胶刮铲、打蛋器、和面盆、面粉筛、刷子、滤茶网。

## 五、制作方法

奶油泡芙制作步骤如图 5-1-2 所示。

步骤一:
烫面:将清水、牛奶、细砂糖、食盐、黄油放在少司锅中,上火煮沸。

步骤二:
将面粉全部倒入快速搅拌至面团烫熟、烫透。

步骤三:
搅糊:待面糊稍凉后将其放入搅拌桶中,再将鸡蛋逐个加入。

步骤四:
搅打好的面糊挑起后其能够缓慢向下均匀流动即可。

步骤五:
将裱花嘴装入裱花袋。

步骤六:
使裱花袋与烤盘成45°角,将面糊挤入烤盘。

步骤七:
在烤盘上挤出实心圆形。

步骤八:
烘烤温度为200℃,烘烤时间为25分钟,待制品膨胀并结壳,表面呈金黄色时,将烤箱温度降至180℃继续烘烤5分钟后,即可取出。

步骤九:
将泡芙从中间水平地片成两半。

图 5-1-2　奶油泡芙制作步骤

步骤十：
将吉士酱挤入底部的泡芙中。

步骤十一：
将泡芙摆放在干净的盘子里，均匀地撒上糖粉。

步骤十二：
泡芙制作完成。

图 5-1-2　奶油泡芙制作步骤（续）

## 六、评价标准

评价标准见表 5-1-1。

表 5-1-1　评价标准

| 评价内容 | 评价标准 | 满分 | 得分 |
|---|---|---|---|
| 准备工作 | 优（8～10）；良（7～8）；合格（5～7）；待合格（0～5） | 10 | |
| 操作工序 | 优（25～30）；良（22～25）；合格（20～22）；待合格（0～20） | 30 | |
| 操作时间 | 优（8～10）；良（7～8）；合格（5～7）；待合格（0～5） | 10 | |
| 成品质量 | 优（36～40）；良（32～35）；合格（25～31）；待合格（0～24） | 40 | |
| 卫生情况 | 优（8～10）；良（7～8）；合格（5～7）；待合格（0～5） | 10 | |
| 合计 | | 100 | |
| 评价标准：优（85～100）；良（75～84）；合格（60～74）；待合格（59及以下） | | | |

## 七、知识链接

### 泡芙的由来

泡芙是一种可以带给人幸福感的法式甜点。其酥脆的外皮里包裹着绵软的奶油，轻咬一口，幸福满溢，口腔里回荡的都是被宠溺和被爱包围的感觉。说起泡芙的起源，这里有一个美丽的爱情故事。

在法国北部的一个大农场里，农场主的女儿看上了一个替她家放牧的小伙子，两个人相爱了，但是很快，他们甜蜜的爱情被农场主发现了，他责令手下把那个小伙子赶出农场，永远不许他和自己的女儿见面。女孩苦苦哀求她的父亲。最后，农场主出了一个难题,要他们把"牛奶装到鸡蛋里面",如果能在三天之内做到,就允许他们在一起;否则,小伙子将被发配到很远的法国南部。

聪明的小伙子和姑娘在糕点房里做出了一种大家都没见过的点心——外面和鸡蛋壳一样酥脆,并且有着鸡蛋的色泽,而且用的主要原料也是鸡蛋,里面的馅料是结成冻的牛奶。

独特的点心为他们赢得了农场主的认可。后来,女孩和小伙子成了一对幸福的夫妻,并在法国北部开了一家又一家售卖甜蜜点心的小店。

小伙子名字的第一个发音是"泡",女孩名字的最后一个发音是"芙",因此,他们发明的小点心就被人们取名为"泡芙"。

这份爱的馈赠很快就传遍法国,风靡世界各大城市。

## 八、课后作业

1. 完成"泡芙"的制作小结。
2. 简述"泡芙"的成形方法。
3. "泡芙"面糊是用什么方法调制而成的?
4. 烘烤"泡芙"的开始阶段,时常打开烤箱会造成什么后果?

## 九、拓展任务

### 巧克力泡芙(Chocolate Puff)

#### (一)材料

**1. 泡芙面糊**

| | | | |
|---|---|---|---|
| 清水 | 250毫升 | 黄油 | 100克 |
| 食盐 | 5克 | 细砂糖 | 15克 |
| 低筋面粉 | 150克 | 鸡蛋 | 4个 |

**2. 吉士酱及装饰**

| | |
|---|---|
| 吉士酱 | 500克 |
| 打发淡奶油 | 300克 |
| 巧克力酱 | 200克 |
| 开心果的果仁 | 30克 |

#### (二)必备器具

电子秤、烤箱、烤盘、裱花袋、裱花嘴、搅拌机、搅拌桶、少司锅、木铲、橡胶刮铲、打蛋器、和面盆、面粉筛、刷子、滤茶网。

单元六 冷冻甜品的制作

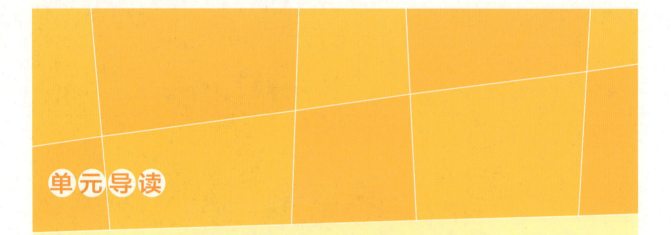

## 单元导读

### 一、任务内容

黑巧克力慕斯、芒果慕斯。

### 二、任务简介

冷冻甜品类是西式面点中一大类制品的统称,其种类繁多,口味独特,造型各异。冷冻甜品的口味以甜为主,而且清香爽口,适合作为人们在午餐、晚餐后的甜食或非用餐时段的点心食用。这类制品包括各种果冻、慕斯、巴菲、冰激凌、冻蛋糕等。

## 任务一  黑巧克力慕斯

### 🍳 一、任务描述

**[内容描述]**

黑巧克力慕斯（Dark Chocolate Mousse）是一种巧克力味道浓郁、口感十分软滑、细腻的冷冻制品，是冷冻甜品类中最常见的制品之一。它的主要原料是黑巧克力、淡奶油、蛋黄、朗姆酒等。

**[学习目标]**

（1）了解"慕斯"的概念。
（2）学会利用"隔水加热"的方法溶化黑巧克力。
（3）能够按照标准流程，在规定时间内完成"黑巧克力慕斯"的制作。
（4）培养学生养成良好的卫生习惯并遵守行业规范。

### 🍳 二、相关知识

**1. 慕斯的特性及概念**

慕斯是一种奶油含量高，而且十分口感软滑、细腻的冷冻甜品。其品种很多，如水果慕斯、巧克力慕斯等。

慕斯是英文"mousse"的译音，是一种将鸡蛋、奶油分别打发充气后，与其他调味品调和而成的松软型甜品。

**2. 融化黑巧克力**

隔水加热法：在少司锅内放入清水，上火加热至 60 ℃左右，将切碎的黑巧克力放在另一个容器中，将这个容器放在少司锅上，这样可以把水蒸气压在容器下面，然后用橡胶刮铲将黑巧克力搅拌至融化。

### 3. 搅拌

加入打发淡奶油时，搅拌好的蛋黄糊与黑巧克力温度不能过高，以 40 ℃ 左右为宜，这样可以避免加入打发淡奶油后溶化，使混合物失去蓬松质感。

### 4. 成形

将慕斯挤入或倒入模具中，整理一下，放进冰箱中冷藏数小时后取出，使慕斯具有特殊的造型。

## 三、成品标准

黑巧克力慕斯成品形态美观，口感细腻爽滑，巧克力味道浓郁，如图 6-1-1 所示。

图 6-1-1　黑巧克力慕斯成品标准

## 四、制作准备

### （一）材料

#### 1. 黑巧克力慕斯

| 黑巧克力 | 300 克 | 蛋黄 | 100 克 |
| 打发淡奶油 | 600 克 | 朗姆酒 | 20 毫升 |
| 细砂糖 | 70 克 | 清水 | 50 毫升 |

#### 2. 表面装饰

| 糖粉 | 50 克 | 巧克力片 | 20 片 |
| 覆盆子 | 20 粒 | 薄荷叶 | 20 片 |

### （二）必备器具

打蛋器、电子秤、橡胶刮板、和面盆、少司锅、搅拌机、搅拌桶、案板、分刀、滤茶网、慕斯杯。

## 五、制作方法

黑巧克力慕斯制作步骤如图 6-1-2 所示。

步骤一：
将备好的蛋黄放入搅拌桶内。

步骤二：
将蛋黄打发至乳黄色，调慢搅拌机速度，倒入糖水。

步骤三：
待搅打至乳白色蓬松状后，倒入和面盆内。

步骤四：
将已经融化的巧克力倒入蛋黄糊中。

步骤五：
用橡胶刮铲将其搅拌均匀。

步骤六：
再加入朗姆酒并搅拌均匀。

步骤七：
分两次将打发淡奶油加入并搅拌均匀。

步骤八：
将搅拌均匀的巧克力慕斯装入裱花袋。

步骤九：
将切开的覆盆子放在杯子底部。

步骤十：
挤入黑巧克力慕斯。

步骤十一：
将完整的覆盆子点缀在上面。

步骤十二：
摆上清洗过的薄荷叶。

图6-1-2　黑巧克力慕斯制作步骤

步骤十三：
放上事先制作好的巧克力扇面。

步骤十四：
将切开的覆盆子放在上面。

步骤十五：
在表面粉筛少许糖粉作为装饰。

步骤十六：
将黑巧克力慕斯码入盘中。

图 6-1-2　黑巧克力慕斯制作步骤（续）

## 六、评价标准

评价标准见表 6-1-1。

表 6-1-1　评价标准

| 评价内容 | 评价标准 | 满分 | 得分 |
| --- | --- | --- | --- |
| 准备工作 | 优（8～10）；良（7～8）；合格（5～7）；待合格（0～5） | 10 | |
| 操作工序 | 优（25～30）；良（22～25）；合格（20～22）；待合格（0～20） | 30 | |
| 操作时间 | 优（8～10）；良（7～8）；合格（5～7）；待合格（0～5） | 10 | |
| 成品质量 | 优（36～40）；良（32～35）；合格（25～31）；待合格（0～24） | 40 | |
| 卫生情况 | 优（8～10）；良（7～8）；合格（5～7）；待合格（0～5） | 10 | |
| 合计 | | 100 | |
| 评价标准：优（85～100）；良（75～84）；合格（60～74）；待合格（59 及以下） | | | |

## 七、课后作业

1. 完成"黑巧克力慕斯"的制作小结。
2. 你知道慕斯还有哪些口味和成形方法吗？

## 八、知识链接

慕斯是当今世界各国冷冻甜品中的代表品种。它的出现符合了人们追求时尚、精致，崇尚自然健康的生活理念。

## 九、拓展任务

### 白巧克力慕斯（White Chocolate Mousse）

#### （一）材料

| | | | |
|---|---|---|---|
| 白巧克力 | 500 克 | 鸡蛋 | 2 个 |
| 蛋黄 | 60 克 | 鱼胶片 | 20 克 |
| 白朗姆酒 | 20 毫升 | 淡奶油 | 1 200 毫升 |

#### （二）必备器具

电子秤、橡胶刮板、和面盆、橡胶铲、搅拌机、搅拌桶、少司锅、案板、分刀、滤茶网、慕斯杯。

## 任务二　芒果慕斯蛋糕

### 🧑‍🍳 一、任务描述

[内容描述]

芒果慕斯蛋糕（Mango Mousse Cake）是水果慕斯中最常见的品种之一，主要由海绵蛋糕坯、芒果慕斯馅组合装饰而成。它的主要原料有芒果果茸、糖粉、鱼胶粉和鱼胶片，淡奶油等。

[学习目标]

（1）了解"鱼胶粉和鱼胶片"的种类及用途。
（2）了解"鱼胶粉和鱼胶片"的使用方法及制作要点。
（3）能按照标准流程，在规定时间内完成"芒果慕斯"蛋糕的制作。
（4）培养学生养成良好的卫生习惯并遵守行业规范。

### 🧑‍🍳 二、相关知识

#### （一）鱼胶片（粉）的种类及用途

西点制作中使用的凝固剂一般有两种，即鱼胶粉和鱼胶片，它们的使用方法和用量各不相同，主要在冷冻甜品中起凝固作用，如用来制作各种口味的果冻、慕斯等。

**1. 鱼胶粉的使用方法**

凉水与鱼胶粉的比例为4∶1，将凉水慢慢倒入鱼胶粉内，边倒边搅，使其充分吸收水分，使用时放在热水中静置溶化，呈透明状即可。

要点提示：

（1）不要用火直接将其溶化，因为太高的温度会破坏鱼胶的凝固能力。
（2）不要过早将泡好的鱼胶粉放进热水中，因为浸泡时间过长会使水分蒸发，导致鱼胶粉与其他原料混合时很快就凝固，影响成品质量。

## 2. 鱼胶片的使用方法

（1）将鱼胶片放在凉水中浸泡 5～7 分钟，使用时将水分攥干，将其放入事先加热好的原料里，搅拌至溶化。

（2）如与温度较低的原料混合，则要将攥干水分的鱼胶片放在容器中，隔水溶化后再使用。

要点提示：

鱼胶片要用凉水浸泡，因为用温水，很快就会溶于水中而无法使用。浸泡时间不宜过长，否则会使其溶于水中而不易取出。

### （二）成形

把海绵蛋糕坯、巧克力装饰等结合在一起，再加上调制好的芒果慕斯，就制成了芒果慕斯蛋糕。

## 三、成品标准

芒果慕斯蛋糕形态完整、美观，口感细腻，口味酸甜，芒果味道浓郁，如图 6-2-1 所示。

图 6-2-1　芒果慕斯蛋糕成品标准

## 四、制作准备

### （一）材料

**1. 芒果慕斯馅**

| | | | |
|---|---|---|---|
| 芒果果茸 | 350 克 | 糖粉 | 150 克 |
| 柠檬汁 | 5 毫升 | 鱼胶片 | 15 克 |
| 打发淡奶油 | 500 克 | | |

**2. 芒果慕斯蛋糕组合**

| | | | |
|---|---|---|---|
| 海绵蛋糕坯 | 2 个 | 鲜芒果 | 2 个 |

**3. 表面装饰**

| | | | |
|---|---|---|---|
| 芒果果茸 | 100 克 | 镜面果胶 | 100 克 |
| 打发淡奶油 | 100 克 | 芒果 | 1 个 |
| 黑巧克力片 | 20 片 | 开心果的果仁 | 10 粒 |
| 红加仑 | 100 克 | | |

## （二）必备器具

电子秤、挖球器、橡胶刮板、打蛋器、和面盆、搅拌机、搅拌桶、橡胶铲、案板、分刀、慕斯圈、餐勺、锯齿刀、抹刀。

## 五、制作方法

芒果慕斯蛋糕制作步骤如图6-2-2所示。

**步骤一：**
将海绵蛋糕坯用锯齿刀片成厚度为1厘米的薄片。

**步骤二：**
用慕斯圈将蛋糕片刻好备用。

**步骤三：**
将芒果果茸放入和面盆内，加入少许柠檬汁并搅拌均匀。

**步骤四：**
再倒入过筛后的糖粉搅拌均匀。

**步骤五：**
取少许芒果果茸倒入加热好的鱼胶中，搅拌均匀。

**步骤六：**
再将其倒入剩余芒果果茸中，混合并搅拌均匀。

**步骤七：**
分两次加入打发淡奶油，搅拌均匀。

**步骤八：**
在事先准备好的模具内放一层蛋糕片，再撒上一层芒果粒。

**步骤九：**
倒入厚度为2厘米的芒果慕斯馅，用抹刀抹平。

图6-2-2　芒果慕斯蛋糕制作步骤

步骤十：
放上另一层蛋糕片，压平，撒上芒果粒。

步骤十一：
再将芒果慕斯馅倒入模具中，灌满，用抹刀抹平，放入冰箱冷冻5小时后取出。

步骤十二：
用分刀将洗净的芒果去皮，用挖球器挖出芒果球。

步骤十三：
将带皮芒果肉轻轻划出菱形块。

步骤十四：
将芒果肉轻轻向上顶起，形成半圆形。

步骤十五：
将装饰用的芒果放在玻璃容器内备用。

步骤十六：
取出冷冻好的芒果慕斯，脱圈。

步骤十七：
将调制好的镜面果胶和芒果果茸抹在芒果慕斯蛋糕表面。

步骤十八：
将餐勺放在热水中加热。

图 6-2-2　芒果慕斯蛋糕制作步骤（续）

**步骤十九：**
再将小勺放入打发淡奶油里制成奶油榄。

**步骤二十：**
用勺将2个奶油榄放在蛋糕上。

**步骤二十一：**
将事先制作好的芒果装饰放在上面。

**步骤二十二：**
将一串红加仑和巧克力弹簧卷一起摆好。

**步骤二十三：**
用抹刀在蛋糕周围抹少许淡奶油。

**步骤二十四：**
在蛋糕周围贴上巧克力片。

**步骤二十五：**
在蛋糕表面撒上开心果碎，芒果慕斯蛋糕就制作完成了。

图 6-2-2　芒果慕斯蛋糕制作步骤（续）

## 六、评价标准

评价标准见表6-2-1。

表6-2-1 评价标准

| 评价内容 | 评价标准 | 满分 | 得分 |
|---|---|---|---|
| 准备工作 | 优（8～10）；良（7～8）；合格（5～7）；待合格（0～5） | 10 | |
| 操作工序 | 优（25～30）；良（22～25）；合格（20～22）；待合格（0～20） | 30 | |
| 操作时间 | 优（8～10）；良（7～8）；合格（5～7）；待合格（0～5） | 10 | |
| 成品质量 | 优（36～40）；良（32～35）；合格（25～31）；待合格（0～24） | 40 | |
| 卫生情况 | 优（8～10）；良（7～8）；合格（5～7）；待合格（0～5） | 10 | |
| 合计 | | 100 | |
| 评价标准：优（85～100）；良（75～84）；合格（60～74）；待合格（59及以下） | | | |

## 七、课后作业

1．完成"芒果慕斯"蛋糕的制作小结。
2．为什么制作水果慕斯时要加入少许柠檬汁？
3．鱼胶片为什么不能浸泡在温水中？

## 八、知识链接

**慕斯蛋糕**

慕斯蛋糕最早出现在美食之都巴黎。最初，面点大师们在奶油中加入起稳定作用和改善结构、口感的各种辅料，使之外形、色泽、结构、口味变化丰富成为蛋糕中的极品。慕斯蛋糕也给大师们一个更大的创造空间，大师们通过慕斯蛋糕的制作展示出他们内心的生活悟性和艺术灵感。在各种西点制作比赛中，慕斯蛋糕的竞争向来十分激烈，其制作水准反映了出面点大师们真正的实力和世界蛋糕的发展趋势。

## 九、拓展任务

**覆盆子慕斯（Raspberry Mousse）**

## （一）材料

| | | | |
|---|---|---|---|
| 鸡蛋 | 2个 | 糖粉 | 150克 |
| 细砂糖 | 200克 | 覆盆子果茸 | 300克 |
| 鱼胶片 | 20克 | 打发淡奶油 | 1 000毫升 |

## （二）必备器具

打蛋器、电子秤、搅拌机、搅拌桶、微波炉、橡胶铲、抹刀、橡胶刮板、和面盆、慕斯圈、模具、裱花嘴、裱花袋。

# 单元七　蛋糕类点心的制作

## 单元导读

### 一、任务内容

歌剧院蛋糕、马卡龙、提拉米苏。

### 二、任务简介

蛋糕类点心是西式面点中所占比重最大的一类，口味多样，外形美观，风味独特，是正餐之后和各类宴会中最常见的一类甜点。蛋糕类点心包括各国特色甜品和艺术蛋糕等。

本单元介绍了三种较具风味特色，又比较流行的蛋糕类点心。

# 任务一 歌剧院蛋糕

## 一、任务描述

[内容描述]

歌剧院蛋糕（Opera Cake）是一款咖啡和巧克力味道浓郁，多层次的蛋糕，是在薄杏仁蛋糕坯中间夹入了咖啡风味黄油忌廉、巧克力酱等，是以法国巴黎歌剧院为主题命名的一款经典蛋糕。

[学习目标]

（1）能够复述"歌剧院蛋糕"的制作过程。
（2）能够按照正确的方法完成"巧克力甘纳许"的制作。
（3）能够按照正确的方法完成"黄油忌廉"的制作。
（4）能利用锯切刀法完成"歌剧院蛋糕"的成形。
（5）能按照标准流程，在规定时间内完成"歌剧院蛋糕"的制作。
（6）培养学生养成良好的卫生习惯并遵守行业规范。

## 二、相关知识

### （一）巧克力甘纳许

巧克力甘纳许是将淡奶油加热，离火后加入切碎的黑巧克力、黄油等制成的。其通常选用淡奶油和黑巧克力的比例为1∶1～1∶1.5。另外，搅拌时最好选用均质机或橡胶刮铲搅拌，使巧克力与淡奶油的香味完全释放。

### （二）黄油忌廉

黄油忌廉也叫"黄油酱""黄油馅"，是细砂糖和黄油的混合物，质地爽滑细腻，很容易配色和调味，适合用来制作各种点心的馅心。

要点提示：

（1）在加入黄油前，一定要先确认牛奶糊的温度（35 ℃左右），以防止黄油在加入后融化，影响制品的形态。

（2）黄油忌廉在冰箱中加盖可以冷藏储存数天，在使用前应至少提前 1 小时将其取出，置于室温中。如果马上使用，可将其置于温水中隔水加热后搅打至光滑。

制品组合：

传统的歌剧院蛋糕共有七层。由下至上，第一层是杏仁蛋糕坯；第二层是咖啡黄油忌廉；第三层是杏仁蛋糕坯；第四层是巧克力馅；第五层是杏仁蛋糕坯；第六层是咖啡黄油忌廉；第七层是巧克力甘纳许。

## 三、成品标准

歌剧院蛋糕形态完整而且美观，咖啡和巧克力的味道浓郁，如图 7-1-1 所示。

图 7-1-1　歌剧院蛋糕成品标准

## 四、制作准备

### （一）材料

**1．杏仁蛋糕坯**

| 蛋白 | 500 克 | 细砂糖 | 250 克 |
| 鸡蛋 | 7 个 | 杏仁粉 | 260 克 |
| 糖粉 | 100 克 | 低筋面粉 | 80 克 |
| 黄油 | 60 克 | | |

**2．咖啡黄油忌廉**

| 牛奶 | 500 毫升 | 细砂糖 | 370 克 |
| 玉米淀粉 | 40 克 | 黄油 | 750 克 |
| 咖啡酒 | 50 毫升 | | |

**3．巧克力甘纳许**

| 淡奶油 | 500 毫升 | 黑巧克力 | 500 克 |
| 黄油 | 50 克 | | |

**4．糖浆**

| 细砂糖 | 200 克 | 清水 | 200 毫升 |
| 香橙酒 | 30 毫升 | | |

### 5. 表面装饰

| | | | |
|---|---|---|---|
| 金粉 | 10 克 | 覆盆子 | 20 克 |
| 红加仑 | 50 克 | 薄荷叶 | 20 克 |

### （二）必备器具

电子秤、打蛋器、面粉筛、硅胶垫、裱花袋、裱花嘴、搅拌机、搅拌桶、转盘、橡胶刮铲、烤箱、烤盘、和面盆、少司锅、塑料片、玻璃碗、油纸、模具、抹刀、锯齿刀、刷子。

## 五、制作方法

### （一）杏仁蛋糕坯

杏仁蛋糕坯制作步骤如图 7-1-2 所示。

步骤一：
将蛋白加入搅拌桶中，再放入 100 克细砂糖 100 克，快速搅打。

步骤二：
当打至蛋白的气泡细腻变白时，再加入剩余的细砂糖。

步骤三：
将打好的蛋白放在一边备用。

步骤四：
将杏仁粉、糖粉、低筋面粉放入和面盆内搅拌均匀。

步骤五：
再放入鸡蛋和融化后的黄油。

步骤六：
搅拌均匀，制成杏仁蛋糕糊。

图 7-1-2　杏仁蛋糕坯制作步骤

步骤七：
先加入一半打发蛋白，搅拌均匀。

步骤八：
再加入剩余的打发蛋白，慢速搅拌均匀。

步骤九：
将硅胶垫放在烤盘里。

步骤十：
将调制好的杏仁蛋糕糊倒在硅胶垫上并涂抹均匀。

步骤十一：
再放入温度为 180 ℃ 的烤箱中烤制 10 分钟，至表面金黄即可取出。

图 7-1-2　杏仁蛋糕坯制作步骤（续）

### （二）黄油忌廉

黄油忌廉制作步骤如图 7-1-3 所示。

步骤一：
把牛奶倒入少司锅里，加入细砂糖和适量玉米淀粉，搅拌均匀。

步骤二：
将混合了细砂糖的牛奶上火煮开后，加入调制好的淀粉糊，边倒边搅，煮熟后离火。

步骤三：
将煮熟的牛奶糊倒入搅拌桶内。

图 7-1-3　黄油忌廉制作步骤

**步骤四：**
上机搅拌，将牛奶糊的温度降至30℃后，加入咖啡酒。

**步骤五：**
搅匀后，分次加入黄油。

**步骤六：**
继续搅打，使食材全部融合。

**步骤七：**
将其盛入玻璃碗中备用。

图 7-1-3　黄油忌廉制作步骤（续）

### （三）巧克力甘纳许

巧克力甘纳许制作步骤如图 7-1-4 所示。

**步骤一：**
将融化的黑巧克力放入和面盆里。

**步骤二：**
加入煮开的淡奶油。

**步骤三：**
使用橡胶刮铲从中心向四周均匀搅拌。

图 7-1-4　巧克力甘纳许制作步骤

步骤四：
加入黄油后继续搅拌，使黄油充分融化。

步骤五：
将巧克力酱倒进模具中，放入冰箱冷藏30分钟后取出，放在一旁备用。

图 7-1-4 巧克力甘纳许制作步骤（续）

### （四）糖浆

糖浆制作步骤如图 7-1-5 所示。

步骤一：
将细砂糖放进清水中煮开晾凉，再将准备好的香橙酒放入糖浆中。

步骤二：
将糖浆搅拌均匀，放在一旁备用。

图 7-1-5 糖浆制作步骤

### （五）歌剧院蛋糕组合

歌剧院蛋糕组合制作步骤如图 7-1-6 所示。

步骤一：
取一张油纸放在烤好的杏仁蛋糕坯上。

步骤二：
将杏仁蛋糕坯翻转过来，揭掉硅胶垫。

步骤三：
用模具将杏仁蛋糕坯刻出相等大小的三片。

图 7-1-6 歌剧院蛋糕组合制作步骤

步骤四：
将糖浆均匀地刷在杏仁蛋糕坯上。

步骤五：
将模具底托装好，在上面垫一张油纸。

步骤六：
在模具内侧放入塑料片，便于后期脱模。

步骤七：
将其中一片杏仁蛋糕坯放入模具底部。

步骤八：
将搅打好的黄油忌廉放在杏仁蛋糕坯上，用抹刀抹平。

步骤九：
再放上第二片杏仁蛋糕坯，用手将四周轻轻压平。

步骤十：
加上一层巧克力甘纳许，将其抹平。

步骤十一：
将最后一片杏仁蛋糕坯压平。

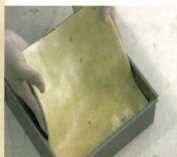

步骤十二：
在上面抹一层黄油忌廉，用抹刀将其表面抹平整，放入冰箱冷藏30分钟。

图 7-1-6　歌剧院蛋糕组合制作步骤（续）

**步骤十三：**
取出蛋糕后，将调制好的巧克力甘纳许涂抹平整，放入冰箱冷藏1小时。

**步骤十四：**
将冷藏好的蛋糕从模具中取出。

**步骤十五：**
将围在蛋糕旁的塑料片揭下。

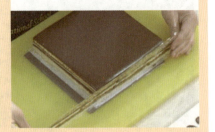

**步骤十六：**
先用分刀将蛋糕切成均匀的长条状，再从中间断开。

**步骤十七：**
将切好的蛋糕放在转盘上，在蛋糕一角挤出饱满的黄油忌廉。

**步骤十八：**
在黄油忌廉上摆一片巧克力作为装饰。

**步骤十九：**
用刀尖取适量金粉弹在蛋糕表面上。

**步骤二十：**
将覆盆子、薄荷叶和红加仑依次摆放在蛋糕表面上。

**步骤二十一：**
将制作完成的蛋糕码入盘中。

图 7-1-6　歌剧院蛋糕组合制作步骤（续）

## 六、评价标准

评价标准见表 7-1-1。

表 7-1-1　评价标准

| 评价内容 | 评价标准 | 满分 | 得分 |
|---|---|---|---|
| 准备工作 | 优（8～10）；良（7～8）；合格（5～7）；待合格（0～5） | 10 | |
| 操作工序 | 优（25～30）；良（22～25）；合格（20～22）；待合格（0～20） | 30 | |
| 操作时间 | 优（8～10）；良（7～8）；合格（5～7）；待合格（0～5） | 10 | |
| 成品质量 | 优（36～40）；良（32～35）；合格（25～31）；待合格（0～24） | 40 | |
| 卫生情况 | 优（8～10）；良（7～8）；合格（5～7）；待合格（0～5） | 10 | |
| 合计 | | 100 | |
| 评价标准：优（85～100）；良（75～84）；合格（60～74）；待合格（59及以下） | | | |

## 七、课后作业

1．完成"歌剧院蛋糕"的制作小结。
2．你知道的蛋糕类点心还有哪些？

## 八、知识链接

### 歌剧院蛋糕的由来

关于歌剧院蛋糕（Opera）名称的由来有很多种版本，最著名的说法是，这种蛋糕原是法国一家咖啡店研发出的一种人气甜点，因为店铺位于歌剧院旁，所以得名。还有一种说法是，歌剧院蛋糕由1890年开业的甜点店达拉耶创制，由于形状方方正正，表面还淋着一层薄薄的巧克力，平滑的外表像歌剧院中的舞台，多层次的味道则像跳跃的音符，而且用金粉衬托出独特的华丽感，所以得名。

传统的歌剧院蛋糕共有七层，包括表层覆盖的浓郁法国顶级巧克力（第一层）、香醇的纯正咖啡奶油霜（第二层）、厚实的咖啡渍杏仁蛋糕体（第三层）、巧克力馅（第四层）、杏仁蛋糕（第五层）、咖啡奶油（第六层）和巧克力（第七层），最上面还放了金粉作为装饰。

传统的法式面点师会在蛋糕上用奶油写上自己的名字或Opera，但也有人在上面画出五线谱和音符。无论哪种设计，都充满了歌剧院与音乐的气息。

## 九、拓展任务

### 布朗尼蛋糕（Brownies）

#### （一）材料

| | | | |
|---|---|---|---|
| 黄油 | 450 克 | 黑巧克力 | 350 克 |
| 鸡蛋 | 10 个 | 细砂糖 | 500 克 |
| 低筋面粉 | 350 克 | 可可粉 | 80 克 |
| 核桃仁 | 300 克 | | |

#### （二）必备器具

电子秤、打蛋器、面粉筛、案板、分刀、烤箱、烤盘、刮板、和面盆、少司锅、抹刀、锯齿刀。

# 任务二 马卡龙

## 一、任务描述

[内容描述]

马卡龙（Macaron）的主要原料是蛋白、糖粉、杏仁粉，将制作出的意大利蛋白霜与其他原料混合搅拌之后挤成圆形，经低温烘烤后，在两个半成品之间夹入黄油忌廉馅料即可制成。马卡龙外形小巧，色彩缤纷，口味多样，口感香甜，外酥内软，深受人们的喜爱。

[学习目标]

（1）能复述"马卡龙"的制作过程。
（2）能够按照正确的方法完成"意大利蛋白霜"的制作。
（3）能够按照正确的成形方法完成"马卡龙"的挤制。
（4）能够按照标准流程，在规定时间内完成"马卡龙"的制作。
（5）培养学生养成良好的卫生习惯并遵守规范。

## 二、相关知识

### （一）意大利蛋白霜

意大利蛋白霜的制作方法是将细砂糖和清水混合后，用中火加热至约 120 ℃，再慢慢倒入打发的蛋白中，继续搅打至变凉，形成立体状。由于此方法是在边加热边搅打的状态下完成的，因此气泡比较稳定和持久，烤好后的制品口感酥脆。

### （二）挤

详见 33 页"二、相关知识"中的"（一）挤制法"。

## 三、成品标准

马卡龙形态完整，表面光滑，四周带裙边，口味香甜，外酥内软，如图 7-2-1 所示。

图 7-2-1　马卡龙成品标准

## 四、制作准备

### （一）材料

| | | | |
|---|---|---|---|
| 蛋白 | 100 克 | 清水 | 75 毫升 |
| 细砂糖 | 240 克 | 杏仁粉 | 240 克 |
| 糖粉 | 240 克 | 蛋黄 | 80 克 |
| 黄油忌廉 | 300 克 | | |

### （二）必备器具

烤箱、电子秤、打蛋器、烤盘、搅拌机、搅拌桶、面粉筛、硅胶垫、裱花袋、裱花嘴、橡胶刮铲、和面盆、少司锅、温度计。

## 五、制作方法

马卡龙制作步骤如图 7-2-2 所示。

**步骤一：**
将烤箱预热至 160 ℃，然后用蛋器打发 100 克蛋白备用。

**步骤二：**
将细砂糖、清水放入少司锅内，用中火煮至约 120 ℃。

**步骤三：**
将打蛋器速度调慢，把煮好的糖水慢慢冲入打发的蛋白中。

图 7-2-2　马卡龙制作步骤

**步骤四：** 继续搅打至凉后取出，倒入和面盆里。

**步骤五：** 将过筛糖粉、杏仁粉和蛋白倒入和面盆里。

**步骤六：** 将它们搅拌成杏仁糊。

**步骤七：** 把打发的蛋清分两次加入杏仁糊中，搅拌均匀。

**步骤八：** 搅好的杏仁糊较黏稠，提起后可缓慢向下流动。

**步骤九：** 取出一半放入另一个和面盆里，以备制作巧克力马卡龙使用。

**步骤十：** 将裱花嘴装入裱花袋中。

**步骤十一：** 把马卡龙面糊装入裱花袋中。

**步骤十二：** 用裱花袋在耐高温硅胶垫上挤出多个直径约2.5厘米的小圆饼。

**步骤十三：** 将少许可可粉放入之前备好的另一半马卡龙面糊中。

**步骤十四：** 将马卡龙面糊和可可粉搅拌均匀。

**步骤十五：** 将调制好的巧克力马卡龙装入裱花袋中。

图 7-2-2　马卡龙制作步骤（续）

**步骤十六：**
用和之前一样的挤法挤出巧克力马卡龙。

**步骤十七：**
在巧克力马卡龙表面撒上适量可可粉。

**步骤十八：**
将其放在常温中 2 小时，触摸表面感觉不黏手即可放入烤箱烘烤。

**步骤十九：**
将放置 2 小时后的马卡龙放入提前预热好的烤箱中，温度约为 160 ℃，烘烤约 18 分钟。待四周出现裙边，制品表面形成硬壳后，即可出炉。

**步骤二十：**
将两片马卡龙组合起来（未撒可可粉的是底部），将其平面朝上、挤上黄油忌廉。

**步骤二十一：**
在黄油忌廉上放一个巧克力片。

**步骤二十二：**
再将另一半撒过可可粉的马卡龙压在上面对齐贴好。

**步骤二十三：**
用同样的手法制成原味马卡龙。

**步骤二十四：**
将马卡龙放在一张油纸上，用巧克力酱在表面画出装饰线条。

**步骤二十五：**
将制作完成的马卡龙摆放在盘中。

图 7-2-2　马卡龙制作步骤（续）

## 六、评价标准

评价标准见表7-2-1。

表7-2-1 评价标准

| 评价内容 | 评价标准 | 满分 | 得分 |
|---|---|---|---|
| 准备工作 | 优（8~10）；良（7~8）；合格（5~7）；待合格（0~5） | 10 | |
| 操作工序 | 优（25~30）；良（22~25）；合格（20~22）；待合格（0~20） | 30 | |
| 操作时间 | 优（8~10）；良（7~8）；合格（5~7）；待合格（0~5） | 10 | |
| 成品质量 | 优（36~40）；良（32~35）；合格（25~31）；待合格（0~24） | 40 | |
| 卫生情况 | 优（8~10）；良（7~8）；合格（5~7）；待合格（0~5） | 10 | |
| 合计 | | 100 | |
| 评价标准：优（85~100）；良（75~84）；合格（60~74）；待合格（59及以下） | | | |

## 七、课后作业

1. 完成"马卡龙"的制作小结。
2. 为什么"马卡龙"会有外酥内软的口感？

## 八、知识链接

### 关于马卡龙

这是一款流传许久的点心，早在20世纪中期便在欧洲出现了，但也有人说马卡龙是意大利人发明的。当时的马卡龙外表和饼干相似，一直到19世纪才被人改良成如今的样子。

以前，马卡龙在法国以外还是默默无名的，现在却全球热卖，这应当归功于当今红极一时的糕点师皮埃尔·荷姆。1997年，皮埃尔·荷姆跳槽到百年糕点老店朗瑞，他把店里原来单调的马卡龙包装得像时装一样五彩缤纷，并创造出了新奇的味道。后来，经过广泛宣传，马卡龙在短时间内大受人们的欢迎。

## 任务三 提拉米苏

### 一、任务描述

**[内容描述]**

提拉米苏（Tiramisu）是一款备受青睐的意大利甜点，尝上一口就令人难以忘怀。它的制作方法是在手指饼中渗入意大利软乳酪糊和意大利咖啡糖浆，先采用"分蛋搅打法"制作手指饼，再通过搅打、混合的方法来完成乳酪糊的调制，通过组合、冷冻、装饰来制作完成的。

**[学习目标]**

（1）巩固"分蛋搅打法"的制作要点。
（2）能够采用"分蛋搅打法"完成手指饼的制作。
（3）能够按照正确的方法完成"乳酪糊"的调制。
（4）能够按照标准流程，在规定时间内完成"提拉米苏"的制作。
（5）培养学生养成良好的卫生习惯并遵守行业规范。

### 二、相关知识

#### （一）手指饼

手指饼是采用"分蛋搅打法"制成的，要求快速搅打蛋白，直至挑起的蛋白霜尖端不会下垂。这种面糊适合单个挤制，也可以整盘烤制。

#### （二）制品组合

在手指饼底部上刷咖啡糖浆，倒入乳酪糊抹平，然后放入一层手指饼，将其浸满咖啡糖浆，再倒入乳酪糊抹平，放入冰箱冷冻4小时后取出，进行装饰。

## 三、成品标准

提拉米苏成品形态完整，造型美观，口感细腻，咖啡和乳酪的味道浓郁，如图 7-3-1 所示。

图 7-3-1　提拉米苏成品标准

## 四、制作准备

### （一）材料

**1．手指饼**

| | | | |
|---|---|---|---|
| 蛋黄 | 200 克 | 细砂糖 | 240 克 |
| 蛋白 | 200 克 | 低筋面粉 | 120 克 |
| 玉米淀粉 | 120 克 | 糖粉 | 50 克 |

**2．乳酪馅**

| | | | |
|---|---|---|---|
| 马斯卡彭乳酪 | 500 克 | 细砂糖 | 200 克 |
| 蛋黄 | 150 克 | 打发淡奶油 | 1 000 毫升 |
| 鱼胶片 | 30 克 | 杏仁酒 | 20 毫升 |

**3．咖啡糖浆**

| | | | |
|---|---|---|---|
| 清水 | 100 毫升 | 细砂糖 | 50 克 |
| 速溶咖啡粉 | 200 克 | 咖啡酒 | 10 毫升 |

**4．表面装饰**

| | | | |
|---|---|---|---|
| 可可粉 | 20 克 | 糖粉 | 10 克 |
| 薄荷叶 | 20 片 | 杂果罐头 | 1 罐 |

### （二）必备器具

烤箱、搅拌机、搅拌桶、温度计、油纸、塑料片、刷子、大理石盘、电子秤、打蛋器、面粉筛、模具、橡胶刮铲、和面盆、少司锅、裱花袋、裱花嘴、滤茶网。

## 五、制作方法

### （一）手指饼

手指饼制作步骤如图 7-3-2 所示。

步骤一：
将蛋黄与细砂糖打成乳黄色黏稠状，倒出备用。

步骤二：
将蛋白放入打蛋器中，先将一半细砂糖倒入快速搅打，待打起后再加入剩余细砂糖。

步骤三：
将打好的蛋白倒出。

步骤四：
将蛋黄倒入大和面盆内，先加入一半打发蛋白，搅匀。

步骤五：
再加入另一半打发蛋白，搅拌。

步骤六：
将过筛粉料倒入蛋糊内，搅拌均匀。

步骤七：
将蛋面糊装入裱花袋中。

步骤八：
用裱花嘴在硅胶垫上挤出5厘米长的棒状蛋面糊。

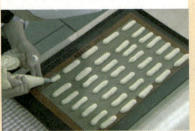

步骤九：
在棒状手指饼表面粉筛撒上适量糖粉。

步骤十：
在另一烤盘硅胶垫上用裱花嘴斜着挤出片状手指饼。

步骤十一：
在片状手指饼的表面粉筛撒上适量糖粉。

步骤十二：
将挤好的手指饼在温度为200℃的烤箱中烘烤约15分钟，至表面呈金黄色后取出。

图 7-3-2　手指饼制作步骤

## （二）咖啡糖浆

咖啡糖浆制作步骤如图 7-3-3 所示。

步骤一：把细砂糖加入清水中煮开后，加入速溶咖啡粉，用橡胶刮铲搅拌均匀。

步骤二：将温度降到 30 ℃ 左右，加入咖啡酒，搅匀备用。

图 7-3-3　咖啡糖浆制作步骤

## （三）提拉米苏

提拉米苏制作步骤如图 7-3-4 所示。

步骤一：将蛋黄和细砂糖放入和面盆内搅匀。

步骤二：用 80 ℃ 热水隔水加热，搅拌至蛋黄变黏稠状即可。

步骤三：取少许蛋黄糊放入融化的鱼胶中搅拌均匀。

步骤四：将鱼胶水搅拌均匀后，倒入蛋黄糊中继续搅拌。

步骤五：将杏仁酒倒入搅好的蛋黄糊中，搅拌均匀。

步骤六：分两次放入提前软化好的乳酪，搅拌均匀。

图 7-3-4　提拉米苏制作步骤

**步骤七：**
再将打发淡奶油分次加入，继续搅拌均匀。

**步骤八：**
用模具刻出两片蛋糕片。

**步骤九：**
在模具下面放上油纸。

**步骤十：**
在模具内侧四周围上塑料片。

**步骤十一：**
将一个蛋糕片放在模具中压平。

**步骤十二：**
轻轻刷上一层咖啡糖浆。

**步骤十三：**
放入乳酪馅并将其涂抹均匀，馅应比蛋糕片高出一倍。

**步骤十四：**
再放入第二个蛋糕片，用手将四周压实。

**步骤十五：**
在第二个蛋糕片上多刷一些咖啡糖浆，使其全部浸湿。

**步骤十六：**
按第一层的厚度再加入第二层馅料，涂抹平整后放入冰箱冷冻1小时。

**步骤十七：**
取出蛋糕后脱模。

**步骤十八：**
将围在蛋糕旁边的塑料片取下。

图 7-3-4　提拉米苏制作步骤（续）

**步骤十九：**
在蛋糕表面粉筛撒一层可可粉。

**步骤二十：**
将蛋糕放在备好的大理石盘中。

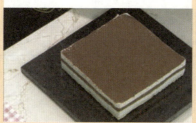

**步骤二十一：**
把刻有字母"TIRAMISU"的字模放在蛋糕上。

**步骤二十二：**
在字母上筛匀糖粉。

**步骤二十三：**
将字模提起。

**步骤二十四：**
用黄油忌廉将蛋糕四周抹平整。

**步骤二十五：**
贴上已经烤好的手指饼。

**步骤二十六：**
根据自己的喜好在蛋糕上放置一些水果作为装饰。

**步骤二十七：**
在蛋糕四周放上一些薄荷叶作为点缀。

图 7-3-4　提拉米苏制作步骤（续）

## 六、评价标准

评价标准见表 7-3-1。

表 7-3-1　评价标准

| 评价内容 | 评价标准 | 满分 | 得分 |
|---|---|---|---|
| 准备工作 | 优（8～10）；良（7～8）；合格（5～7）；待合格（0～5） | 10 | |
| 操作工序 | 优（25～30）；良（22～25）；合格（20～22）；待合格（0～20） | 30 | |
| 操作时间 | 优（8～10）；良（7～8）；合格（5～7）；待合格（0～5） | 10 | |

续表

| 评价内容 | 评价标准 | 满分 | 得分 |
|---|---|---|---|
| 成品质量 | 优（36～40）；良（32～35）；合格（25～31）；待合格（0～24） | 40 | |
| 卫生情况 | 优（8～10）；良（7～8）；合格（5～7）；待合格（0～5） | 10 | |
| 合计 | | 100 | |
| 评价标准：优（85～100）；良（75～84）；合格（60～74）；待合格（59及以下） | | | |

## 七、课后作业

1. 完成"提拉米苏"的制作小结。
2. 你知道西式面点中常用乳酪的名称吗？

## 八、知识链接

### 提拉米苏的由来

提拉米苏的由来众说纷纭，它的名字中既有"带我走吧"之意，又包含"提神与兴奋"的意思。据说，它最早出现在意大利的托斯卡尼地区，而且当地还有一个关于提拉米苏的美丽传说：在第二次世界大战时期，一名意大利士兵即将远离家乡前往战场。在为他准备带在征途上的食物时，他的爱妻将家里仅剩的食材制成了一份新式糕点，并将之命名为Tiramisu（意为"带我走吧"）。而现在流行的提拉米苏，直到1960年才在意大利威尼斯的西北方一带出现，当地人采用马斯卡彭乳酪作为主要材料，用手指饼代替传统的海绵蛋糕，再加入咖啡酒和可可粉等食材制成。

## 九、拓展任务

**奶油乳酪蛋糕（Cheese Cake）**

### （一）材料

**1. 奶油乳酪蛋糕**

奶油乳酪　　　500克　　　　细砂糖　　　　200克
鸡蛋黄　　　　250克　　　　柠檬　　　　　1个
鱼胶粉　　　　30克　　　　　打发淡奶油　　1 000毫升

**2. 组合**

甜酥面坯　　　1 000克　　　瑞士蛋卷　　　1盘
打发淡奶油　　200毫升　　　糖粉　　　　　10克
杂果罐头　　　1罐

### （二）必备器具

电子秤、刷子、油纸、搅拌机、搅拌桶、转盘、打蛋器、面粉筛、模具、橡胶刮铲、和面盆、烤箱、烤盘。

# 单元八 清酥类点心的制作

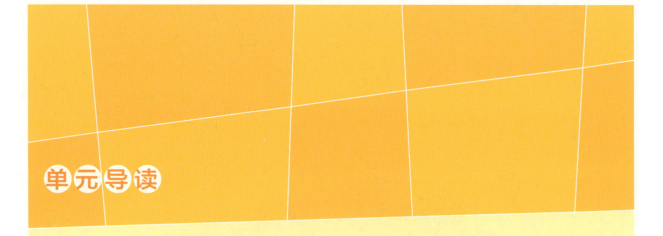

单元导读

### 一、任务内容

杏仁条、苹果酥角。

### 二、任务简介

清酥类点心也称为起酥类点心,具有层次清晰、入口酥香的特点,其品种繁多,深受人们的喜爱。清酥类点心的制作难度大、工艺要求高、操作较为复杂,可以说有多少个面点师就有多少种清酥类点心,每个人使用的配方和擀制方法也略有不同。

这类点心在制作中不使用任何蓬松剂,但是烘烤后却可以膨胀到原有体积的8倍。清酥类点心由于酥香松脆,通常被当作各式甜点、咸点及酒会小吃等。

# 任务一 杏仁条

## 一、任务描述

[内容描述]

杏仁条（Almond Jalousie）是利用清酥面坯和杏仁奶油，经过擀压、成形、填馅、烘烤、切割等多种工艺制作完成的。

[学习目标]

（1）了解"清酥面坯"的概念、性质及成形方法。
（2）能够按正确的方法制作"清酥面坯"和"杏仁奶油"。
（3）能够按照标准流程，在规定时间内完成"杏仁条"的制作。
（4）培养学生养成良好的卫生习惯并遵守行业规范。

## 二、相关知识

### （一）清酥面坯制作工艺

**1．概念**

清酥面坯使用水面坯和油面坯，经过反复擀叠、冷冻等工艺制作完成。清酥面坯制品具有层次清晰、入口香酥的特点，是西式面点制作中经常使用的一种面坯。

**2．特性**

清酥面坯由两种不同性质的面坯相间折叠而成：一种是由面粉、水及少量黄油调制而成的水面坯；另一种则是黄油与少量面粉结合而成的油面坯。

造成清酥面坯多层、膨胀的原因有两个：

（1）由湿面筋的特性所致。清酥面坯大多选用含面筋质较高的面粉，这种面粉具有较强的延伸性和弹性，还具有像气球一样可以充气的特性，可以保存空气并能承受烘烤水蒸气所产生的膨胀力，每层面坯可随着膨胀力而膨大。烘烤面坯的温度越高，水蒸气的压力越大，面坯所受的膨胀力也就越大，每一层面坯不断受热膨胀，直到其中的水分被完全烤干。

（2）由于清酥面坯中有产生层次能力的结构和原料，水面坯与油面坯互为表里，有规律地相互隔绝。随着温度的升高，水面坯中的水分不断蒸发并逐渐形成碳化变脆的面坯结构，而油面坯受热融后渗入面坯中，使每层面坯变成又松又脆的酥皮。

**3．一般用料**

清酥面坯的主要原料是高筋面粉、黄油、清水、食盐、细砂糖等。

**4．工艺方法**

调制清酥面坯是一项难度大、工艺要求高、操作复杂的工艺。其具体制作方法有两种：一种是油面坯包水面坯，另一种是水面坯包油面坯，二者都运用调制面坯、擀压、包油、反复折叠等方法完成的。

要点提示：

（1）制作清酥面坯要选用高筋面粉，因为低筋面粉不易使面坯产生筋力，烘烤后制品起发不大，层次不清。

（2）包入时，两种面坯应软硬一致，过硬或过软都会出现黄油分布不均和跑油现象，会降低成品的质量。

（3）每次擀叠时，面粉的使用量要少，否则会影响起层。

（4）擀压面坯时，不可一次将刻度调得过大，要避免擀压时由于黄油被挤出而导致面坯破裂，从而影响清酥面坯的层次。

## （二）成形

将折叠冷却完毕的面坯放在压面机上擀压平成所需厚度，再将面片切割成形，运用挤、粘结、表面美化等成形方法制成所需的形状。

要点提示：

（1）用于成形工艺的清酥面坯不可冷冻得太硬，如发现其过硬，应放到室温下使其恢复到适宜的软硬，以方便后续操作。

（2）成形后的面坯厚度要一致，否则制出的成品形状不整齐。

（3）操作间的温度应适宜，避免温度过高或过低。

（4）成形操作的动作要快，而且还要干净利索。面坯在工作台上放置的时间不宜太长，以防止其变软，使成形困难，影响制品的膨胀和形状的完整。

（5）用于成形切割使用的刀子应锋利，切割后的面坯应整齐、平滑，间隔分明。

（6）烘烤清酥制品时，不要经常打开烤箱门，尤其在制品受热膨胀阶段，因为清酥制品是靠水蒸汽来胀大体积的，烤箱打开后，水蒸汽会大量溢出，正在胀大的清酥制品瞬间就会塌陷，导致体积缩小。

（7）在烘烤过程中，要灵活掌握烤箱温度，当制品表面已上色但内部还未成熟时，可适当将温度调低，也可以在制品表面覆盖一张油纸，以保证其色泽均匀。

### （三）调制杏仁奶油

杏仁奶油选用"糖油调制法"完成。此方法是先将细砂糖和黄油一起搅拌，然后再加入鸡蛋、低筋面粉、杏仁粉及其他原料制作完成的。

## 三、成品标准

杏仁条成品色泽金黄，层次清晰，品种端正，酥香可口，如图 8-1-1 所示。

图 8-1-1　杏仁条在成品标准

## 四、制作准备

### （一）材料

#### 1．清酥面坯

（1）水面坯。

| 清水 | 400 毫升 | 食盐 | 20 克 |
| --- | --- | --- | --- |
| 细砂糖 | 30 克 | 黄油 | 100 克 |
| 高筋面粉 | 650 克 | 低筋面粉 | 100 克 |

（2）油面坯。

| 高筋面粉 | 250 克 | 黄油 | 650 克 |
| --- | --- | --- | --- |

#### 2．杏仁奶油

| 黄油 | 250 克 | 细砂糖 | 250 克 |
| --- | --- | --- | --- |
| 鸡蛋 | 5 个 | 杏仁粉 | 250 克 |
| 低筋面粉 | 100 克 | 朗姆酒 | 20 毫升 |
| 香草油 | 5 毫升 | | |

#### 3．表面装饰

| 鸡蛋 | 2 个 | 黄梅果胶 | 50 克 |
| --- | --- | --- | --- |
| 糖粉 | 20 克 | 烤熟的杏仁片 | 20 克 |

### （二）必备器具

烤箱、压面机、搅拌机、搅拌桶、电子秤、烤盘、和面盆、橡胶刮铲、不锈钢尺、小型西餐刀、裱花袋、裱花嘴、锯齿刀、分刀、打蛋器、案板、刷子、叉子、少司锅、滤茶网、方盘、保鲜膜。

##  五、制作方法

### （一）清酥面坯

清酥面坯制作步骤如图 8-1-2 所示。

**步骤一：**
制作水面坯：将高筋面粉、盐、细砂糖、黄油、清水加入搅拌桶内。

**步骤二：**
用弯钩搅头将其搅拌均匀。

**步骤三：**
从搅拌桶内取出水面坯，用手揉制，使其变光滑。

**步骤四：**
将水面坯整理成长方形。

**步骤五：**
放入方盘内的一侧，用保鲜膜封好备用。

**步骤六：**
制作油面坯：将高筋面粉、小块黄油倒入搅拌桶内。

**步骤七：**
用浆状搅头慢速搅拌，形成面团即可。

**步骤八：**
在台案上撒少许面粉，将油面坯揉制、整理成长方形。

**步骤九：**
将油面坯放在盛有水面坯的方盘内，放入冰箱中冷藏30分钟。

图 8-1-2　清酥面坯制作步骤

**步骤十：**
将油面坯从冰箱内取出,在两面撒少许面粉,放到压面机上擀压。

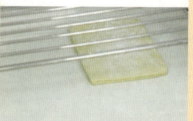

**步骤十一：**
将油面坯擀长后,放在一旁备用。

**步骤十二：**
将水面坯长度压成油面坯的2/3,宽度与油面坯一致。

**步骤十三：**
包油：将水面坯压在油面坯上面对齐。

**步骤十四：**
将1/3的油面坯折向中间,再将双层的油面坯和水面坯折向中间。

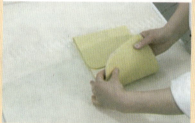

**步骤十五：**
把面坯放入冰箱冷藏30分钟,这样有利于进行下一步操作。

**步骤十六：**
取出后,在上下撒少许面粉,将两边开口的方向朝向压面机,开始擀压。

**步骤十七：**
将面坯压成长方形。

**步骤十八：**
将面坯两端向中间对折。

图 8-1-2　清酥面坯制作步骤（续）

**步骤十九：**
再对折成4层，放入冰箱中冷藏30分钟。

**步骤二十：**
按此方法再完成3层和4层折叠各1次，清酥面坯就制作完成了。放入冰箱冷藏3小时后即可使用。

图8-1-2　清酥面坯制作步骤（续）

## （二）杏仁奶油

杏仁奶油制作步骤如图8-1-3所示。

**步骤一：**
将软黄油和糖粉放在搅拌桶内。

**步骤二：**
用搅拌机搅打，将糖粉与黄油混合均匀。

**步骤三：**
将黄油、糖粉搅打至蓬松体变白后，逐个加入鸡蛋。

**步骤四：**
继续搅打直至均匀。

**步骤五：**
用手将低筋面粉、杏仁粉搅拌均匀。
【小提示】可以减少搅拌时间，以便让黄油糊中保留更多的空气。

**步骤六：**
将混合好的粉料全部倒入黄油糊内。

图8-1-3　杏仁奶油制作步骤

**步骤七：**
慢速稍搅拌，再加入香草油和朗姆酒，搅拌均匀即可。
【小提示】过度搅拌会导致黄油糊内的空气流失，影响制品的美观和口感。

**步骤八：**
将杏仁奶油取出，把搅头取下刮净。

**步骤九：**
再将搅拌桶四周和底部没有搅拌到的黄油和杏仁粉搅拌均匀。

**步骤十：**
杏仁奶油制作完成。

图 8-1-3　杏仁奶油制作步骤（续）

## （三）杏仁条

杏仁条制作步骤如图 8-1-4 所示。

**步骤一：**
将清酥面坯压成厚度约 3 毫米的薄片。

**步骤二：**
将面坯上方裁齐。

**步骤三：**
将面坯裁成宽度为 25 厘米的长方片。

**步骤四：**
将面坯分割成宽度分别为 12 厘米和 13 厘米的两片。

**步骤五：**
将宽度为 12 厘米的面坯放在铺着油纸的烤盘上。

**步骤六：**
在四周刷上 2 厘米宽的蛋液。

图 8-1-4　杏仁条制作步骤

**步骤七：**
将搅打好的杏仁奶油装入裱花袋中，挤在12厘米宽的面坯上。

**步骤八：**
挤好后，将宽度为13厘米的面坯放在挤过杏仁奶油的面坯上。

**步骤九：**
将面坯四周对齐，用手指轻压并按平。

**步骤十：**
用小型西餐刀与食指配合，在两层面坯四周压出花纹。

**步骤十一：**
在面坯表面将蛋糕涂抹均匀。

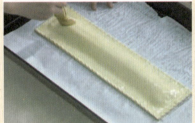

**步骤十二：**
用分刀倾斜30°角在面坯表面压出花纹。

**步骤十三：**
用叉子在面坯四周的表面上划出花纹。

**步骤十四：**
在面坯四周扎一些小孔，使其透气，不开裂。

**步骤十五：**
将杏仁条放入预热过的温度为200℃的烤箱内烘烤25分钟，待上色后再将温度降至180℃烘烤5分钟，待其至金黄色后取出，放在网架上晾凉备用。

图 8-1-4　杏仁条制作步骤（续）

**步骤十六：**
先把杏仁条的边缘切掉，再切成宽度为5厘米的条。

**步骤十七：**
切好后，用橡胶刮铲斜挡住杏仁条表面的1/2处，在上面粉筛撒上少许糖粉。

**步骤十八：**
在杏仁条的另一半刷上果胶，让颜色更加鲜亮。

**步骤十九：**
在刷过果胶的位置撒上少许杏仁片。

**步骤二十：**
将制成的杏仁条码放在盘中。

图 8-1-4　杏仁条制作步骤（续）

##  六、评价标准

评价标准见表 8-1-1。

表 8-1-1　评价标准

| 评价内容 | 评价标准 | 满分 | 得分 |
|---|---|---|---|
| 准备工作 | 优（8～10）；良（7～8）；合格（5～7）；待合格（0～5） | 10 | |
| 操作工序 | 优（25～30）；良（22～25）；合格（20～22）；待合格（0～20） | 30 | |
| 操作时间 | 优（8～10）；良（7～8）；合格（5～7）；待合格（0～5） | 10 | |
| 成品质量 | 优（36～40）；良（32～35）；合格（25～31）；待合格（0～24） | 40 | |
| 卫生情况 | 优（8～10）；良（7～8）；合格（5～7）；待合格（0～5） | 10 | |
| 合计 | | 100 | |
| 评价标准：优（85～100）；良（75～84）；合格（60～74）；待合格（59及以下） | | | |

## 七、课后作业

1. 完成"杏仁条"的制作小结。
2. 影响清酥类制品成形的因素有哪些?
3. 为保证成品色泽,烤制清酥面坯时应注意哪些事项?
4. 利用清酥面坯还可以制作哪些点心?

## 八、知识链接

### 国王饼

国王饼是法国的一种传统糕点,每年1月6日前后都会出现它的踪迹,就像中国人在元宵节吃汤圆和在端午节吃粽子一样。

经过查找资料了解,国王饼的历史可以追溯到1311年,人们在每年1月第一个星期日中午品尝这道甜点,即在多层饼里找出"国王"或"王后"。凡是找到这个小瓷人物的,可以选择让国王或王后给自己戴上王冠。

## 九、拓展任务

**水果条(Fruit slice)**

**(一)材料**

| | | | |
|---|---|---|---|
| 清酥面坯 | 600 克 | 吉士酱 | 300 克 |
| 鸡蛋 | 2 个 | 草莓 | 200 克 |
| 樱桃 | 200 克 | 黄梅果胶 | 50 克 |

**(二)必备器具**

烤箱、压面机、电子秤、烤盘、不锈钢尺、案板、和面盆、搅拌机、搅拌桶、油纸、小型西餐刀、裱花袋、裱花嘴、刷子、少司锅。

## 任务二　烤苹果酥角

### 🧑‍🍳 一、任务描述

**[内容描述]**

烤苹果酥角（Baked Apple Dumplings）主要使用清酥面坯、苹果馅，经过面坯的擀制、上馅、成形、烘烤等工序制作完成。它既可以在面包店出售，也可以供人们在自助餐、酒会上食用。其色泽金黄而且味道酥脆香甜，深受人们的喜爱。

**[学习目标]**

（1）巩固"清酥面坯"的制作流程。
（2）能够按照正确的方法完成"苹果馅"的炒制。
（3）能够按照标准流程，在规定时间内完成"苹果酥角"的制作。
（4）培养学生养成良好的卫生习惯并遵守行业规范。

### 🧑‍🍳 二、相关知识

在清酥类点心的成形过程中，许多因素会直接或间接影响到清酥制品的整体效果，最终影响制品的质量。

要点提示：

（1）苹果酥角的成形一般借助模具完成。方法是根据制品的需要，取出适量面坯放在撒有面粉的工作台或压面机上，擀或压成所需要的薄厚一致的厚度，根据制品大小选用合适的椭圆形花戳将其戳成圆片，如果面坯过软，应马上放入冰箱冷藏，待稍硬些再进行下一步操作。

（2）成形时，要将蛋液要刷至面坯的 2/3 处，将两片面坯对折后，用手指轻轻压实，以防止烤制时露出苹果馅。

(3）在表面刷蛋液时，应尽量刷均匀，不要将蛋液滴洒在面坯侧面，以免造成制品黏连。

(4）利用分刀进行表面装饰时，动作要协调顺畅，下刀深度要合适。

(5）烤好后，趁热在制品表面刷一层煮好的果胶，使其更加光亮、美观。

## 三、成品标准

烤苹果酥角成品色泽金黄，层次清晰，酥香可口，如图 8-2-1 所示。

图 8-2-1　烤苹果酥角成品标准

## 四、制作准备

### （一）材料

**1．苹果酥角**

| 清酥面坯 | 1 000 克 | 鸡蛋 | 2 个 |
| 黄梅果胶 | 50 克 | | |

**2．苹果馅**

| 苹果 | 1 000 克 | 细砂糖 | 100 克 |
| 黄油 | 100 克 | 红提干 | 100 克 |
| 杏仁粉 | 80 克 | 肉桂粉 | 2 克 |
| 柠檬 | 1 个 | | |

### （二）必备器具

烤箱、压面机、电子秤、烤盘、花戳、小型西餐刀、玻璃碗、裱花袋、裱花嘴、刷子、少司锅、木铲、分刀、案板。

## 五、制作方法

### （一）苹果馅

苹果馅制作步骤如图 8-2-2 所示。

步骤一：
先将黄油放入少司锅内加热，再放入细砂糖。

步骤二：
将黄油和细砂糖炒制上色。

步骤三：
倒入切好的苹果丁、柠檬片，迅速翻炒均匀。

步骤四：
待汁收干后，放入红提干、杏仁粉和少许肉桂粉，待炒制均匀后将柠檬片挑出。

步骤五：
将苹果馅倒入玻璃碗内，晾凉备用。

图 8-2-2　苹果馅制作步骤

## （二）苹果酥角

苹果酥角制作步骤如图 8-2-3 所示。

步骤一：
取出冷藏的清酥面片，用模具在上面戳出圆片。

步骤二：
将圆片放到台案上，擀成椭圆形。

步骤三：
将 2/3 的面坯刷上蛋液。

图 8-2-3　苹果酥角制作步骤

**步骤四：**
在中间放入炒好的苹果馅。

**步骤五：**
将面坯对折后轻轻捏紧。

**步骤六：**
放入烤盘后，在表面刷一层蛋液。

**步骤七：**
用小型西餐刀在上面划出树叶形花纹。

**步骤八：**
将划好的苹果酥角放入温度为200 ℃的烤箱中烘烤25分钟，至表面金黄色即可取出。

**步骤九：**
将烤好的苹果酥角取出后放入盘中，在表面刷一层果胶。

**步骤十：**
放入事先装饰好的盘中并码放整齐。

图 8-2-3　苹果酥角制作步骤（续）

## 六、评价标准

评价标准见表 8-2-1。

表 8-2-1　评价标准

| 评价内容 | 评价标准 | 满分 | 得分 |
|---|---|---|---|
| 准备工作 | 优（8～10）；良（7～8）；合格（5～7）；待合格（0～5） | 10 | |
| 操作工序 | 优（25～30）；良（22～25）；合格（20～22）；待合格（0～20） | 30 | |
| 操作时间 | 优（8～10）；良（7～8）；合格（5～7）；待合格（0～5） | 10 | |
| 成品质量 | 优（36～40）；良（32～35）；合格（25～31）；待合格（0～24） | 40 | |
| 卫生情况 | 优（8～10）；良（7～8）；合格（5～7）；待合格（0～5） | 10 | |
| 合计 | | 100 | |
| 评价标准：优（85～100）；良（75～84）；合格（60～74）；待合格（59及以下） | | | |

## 七、课后作业

1. 完成"苹果酥角"的制作小结。
2. 利用清酥面坯还可以制作哪些点心？

## 八、知识链接

### 苹果的营养价值与食用功效

苹果中所含的维生素 C 可以有效保护心、脑血管。

苹果中的胶质和微量元素铬能保持血糖稳定，是一切想要控制血糖的人必不可少的水果。

城市生活节奏十分紧张，职业人群的压力很大，很多人存在不同程度的紧张和抑郁情绪，这时拿起一个苹果闻一闻它的清香，不良情绪就会有所缓解，还能提神醒脑。

## 九、拓展任务

### 水果酥盒（Fruit Vol-av-vent）

#### （一）材料

| | | | |
|---|---|---|---|
| 清酥面坯 | 600 克 | 吉士酱 | 300 克 |
| 鸡蛋 | 2 个 | 草莓 | 20 个 |
| 猕猴桃 | 3 个 | 芒果 | 3 个 |
| 樱桃 | 20 个 | 黄梅果胶 | 100 克 |

#### （二）必备器具

压面机、烤箱、电子秤、烤盘、花戳、叉子、小型西餐刀、木铲、案板、分刀、裱花袋、裱花嘴、刷子、少司锅。

# 单元九　巧克力的基础

## 单元导读

### 一、任务内容

巧克力调温、简易巧克力装饰、模具巧克力。

### 二、任务简介

巧克力不仅是世界上最流行的甜食之一，也是制作西点装饰品的理想材料。从简单甜点到国际上的西点大赛都会用到巧克力。许多面点师就是因为制作了精美巧克力作品，才使丰富的想象力和精湛的技艺闻名于世。

由于巧克力本身的特点，使得它难以操作。巧克力对温度和湿度异常敏感，融化和冷却都必须对温度正确控制。巧克力一定要避免接触水分，一滴水就足以破坏它的质地，从而影响操作和使用。

掌握巧克力调温是制作各种巧克力造型的基础，经调温后的巧克力可制成各种巧克力装饰品等。

# 任务一 巧克力调温

## 一、任务描述

[内容描述]

巧克力调温（Chocolate Tempering）是手工制作巧克力必不可少的一道工序，要经过融化、结晶、回温等工序才能完成。

[学习目标]

（1）掌握巧克力"隔水融化"的方法。
（2）能按照"大理石调温法"的标准流程，在规定时间内独立完成巧克力调温过程。
（3）培养学生养成良好的卫生习惯并遵守行业规范。

## 二、相关知识

### （一）巧克力调温的目的和方法

大多数巧克力制品，若只是进行简单的融化操作将难以操作巧克力造型，因为这样融化后的巧克力需要长时间才能定型，即便定型也达不到理想的光泽和质地。

巧克力需要调温的原因是：可可奶油中含有多种脂肪，有些脂肪的融化温度较低，而有些脂肪的融化温度则较高。当巧克力冷却时，高熔点的脂肪相对较早凝固，它们赋予巧克力闪亮的外表，以及掰开时清脆的响声。

总之，经调温的巧克力可以快速定型，并具有光亮的外表和较好的质地。只经融化而未经调温的巧克力定型时间较长，质地较差而且表面粗糙，这是因为部分可可奶油浮在其表面，形成了白色的油脂层。

**1. 融化**

使用双层不锈钢盆融化切碎的巧克力，水温要控制在 50～55 ℃。在巧克力的融化过程中，应顺一个方向慢慢地、不停地搅拌。必须将巧克力加热到温度足够高的状态，使其中的油脂（包括高熔点脂肪）全部融化。

**2．结晶**

待巧克力融化后取出并擦干盆底部的水分。这时，小的油脂晶体已经形成了。

**3．回温**

由于调温冷却后的巧克力过于黏稠，无法操作，因此使用前应先稍微加热，再放入温水中隔水加热搅拌，直到升至符合要求使用的温度。

巧克力调温表见表 9-1-1。

表 9-1-1　巧克力调温表

| 原料名称 | 融化温度 | 结晶温度 | 回温温度 |
| --- | --- | --- | --- |
| 黑巧克力 | 45～50 ℃ | 27～29 ℃ | 30～32 ℃ |
| 牛奶巧克力 | 40～45 ℃ | 27～29 ℃ | 29～30 ℃ |
| 白巧克力 | 40～45 ℃ | 26～28 ℃ | 28～29 ℃ |

### （二）大理石调温操作

利用大理石案台来融化巧克力，经过不断翻铲、摩擦，赋予其清脆、丝滑的口感和光滑的外表。

## 三、成品标准

调制巧克力成品丝滑细腻，光泽性强，如图 9-1-1 所示。

图 9-1-1　调制巧克力成品标准

## 四、制作准备

### （一）材料

黑巧克力 500 克。

### （二）必备器具

电子秤、分刀、案板、巧克力专用铲刀、抹刀、温度计、半圆形不锈钢盆、橡胶刮板、少司锅、大理石案台、玻璃碗。

## 五、制作方法

### （一）巧克力调温

大理石调温法步骤如图 9-1-2 所示。

**步骤一：**
将巧克力切碎后，放入干燥的玻璃碗内。

**步骤二：**
将玻璃碗放到 60 ℃ 左右的热水中隔水加热并不断搅拌，使巧克力均匀融化。

**步骤三：**
继续搅拌、加热，直到巧克力完全融化，温度达到 45～50 ℃。至此，第一次调温完成。
【小提示】调温的目的是使巧克力中的油脂分布更加均匀，使制作出的成品更加光亮。

**步骤四：**
从温水中取出玻璃碗后，将底部擦干，避免水分进入巧克力中。

**步骤五：**
再用干布将大理石台面擦干。

**步骤六：**
将 2/3 的巧克力倒在大理石台案上。

**步骤七：**
用专业刮刀将巧克力摊平。

**步骤八：**
再用刮刀快速将其刮到一起，如此反复操作，使巧克力均匀冷却。

图 9-1-2 大理石调温步骤

步骤九：
当巧克力冷却到适当温度（27～29 ℃）时，将其放回碗中，与剩余的融化巧克力混合均匀。此时，第二次调温完成。

步骤十：
将巧克力置于温水中隔水加热，再回温到推荐温度，具体视巧克力类型而定。回温切勿超过推荐温度。此时，第三次调温完成。

图 9-1-2　大理石调温步骤（续）

## 六、评价标准

评价标准见表 9-1-2。

表 9-1-2　评价标准

| 评价内容 | 评价标准 | 满分 | 得分 |
| --- | --- | --- | --- |
| 准备工作 | 优（8～10）；良（7～8）；合格（5～7）；待合格（0～5） | 10 | |
| 操作工序 | 优（25～30）；良（22～25）；合格（20～22）；待合格（0～20） | 30 | |
| 操作时间 | 优（8～10）；良（7～8）；合格（5～7）；待合格（0～5） | 10 | |
| 成品质量 | 优（36～40）；良（32～35）；合格（25～31）；待合格（0～24） | 40 | |
| 卫生情况 | 优（8～10）；良（7～8）；合格（5～7）；待合格（0～5） | 10 | |
| 合计 | | 100 | |
| 评价标准：优（85～100）；良（75～84）；合格（60～74）；待合格（59 及以下） | | | |

## 七、课后作业

1. 完成"巧克力调温"的制作小结。
2. 巧克力为什么需要调温？

## 八、知识链接

### 巧克力是怎样制成的

巧克力是由一种热带树木——可可树的种子制成的。与咖啡一样，可可豆对生长环境十分敏感，因此，最好的种植区出产的可可豆质量最佳。可可树结出饱含可可豆的可可豆荚。收获后，应尽快取出可可豆荚，使其发酵至失去大部分水分。传统发酵方法是将可可豆荚散放在分层摆放的香蕉叶中数日，时常翻动，以使其发酵均匀。

在发酵过程中，可可豆荚发生化学变化，颜色从淡黄色转为棕色，并产生香味。发酵后的可可豆荚中仍含有很多水分，应置于室外晾干。完全干燥的可可豆荚即可送到农产品加工处进行加工。

农产品加工人员将可可豆荚彻底清洗后烘烤，烘烤过程中产生出真正的可可味道。烘烤后的可可豆荚开裂、脱皮，取出的颗粒称为可可豆，其脂肪含量高于50%几乎不含水分。

研磨可可豆可以使可可奶油从细胞壁中释放出来，从而得到一种糊状物。这种糊状物称为巧克力液，它是生产巧克力的基本原料，其冷却后可形成硬块。

下一道工序是将可可粉与可可奶油分离。此过程利用强大的液压将融化的脂肪挤压出来，只留下硬块，然后再将硬块再磨成可可粉，同时，将可可奶油提纯后进行除味、脱色操作。

制作巧克力时，需将可可粉与糖混合，若制作牛奶巧克力，则需加入奶块。接下来，进行最重要的过程——精炼。精炼分为两步，第一步是除去多余的水分并提纯，第二步是重新加入可可奶油。这些成分需研磨并搅拌数小时甚至数天才能形成细腻、光滑的质地。通常，精炼的时间越长，成品巧克力的品质越好。

## 任务二 巧克力装饰

### 一、任务描述

[内容描述]

巧克力装饰（Decorations Chocolate）是西餐面点中重要的装饰工艺之一，是指使用经过调温的巧克力，通过不同的方法对其进行加工。巧克力装饰的工艺性强而且品种繁多，广泛应用于各类西餐面点的装饰中。

[学习目标]

（1）了解"巧克力装饰"的种类和制作要点。
（2）掌握"巧克力装饰"的六种方法。
（3）能按照标准流程，在规定时间内独完成"巧克力装饰"的制作。
（4）培养学生养成良好的卫生习惯并遵守行业规范。

### 二、相关知识

常见的巧克力装饰
（1）巧克力抹刀片。
（2）巧克力弹簧卷。
（3）巧克力弹簧片。
（4）巧克力扇面。
（5）巧克力花棍。
（6）巧克力转印纸。

要点提示：
（1）制作巧克力装饰时，动作要快，手法要熟练，尽量缩短手与巧克力接触的时间，避免手的温度对巧克力造型产生影响。

（2）制作巧克力装饰时，应避免其他杂物混入，尤其是水或面粉等，以免制品表面产生花斑或斑点。

（3）巧克力装饰成形后，不能马上使用，应待其凉透凝固后，才能将专业塑料纸或转印纸撕掉。

（4）巧克力装饰应存放在干燥、恒温的条件下，一般为 15～18 ℃。

## 三、成品标准

巧克力成品外形美观，形态各异，色泽光亮，如图 9-2-1 所示。

图 9-2-1　巧克力成品标准

## 四、制作准备

### （一）材料

**巧克力装饰**

黑巧克力　　　　1 000 克　　　　白巧克力　　　　200 克

### （二）必备器具

少司锅、橡胶刮铲、不锈钢圆碗、分刀、案板、不锈钢尺、专业塑料纸、小型西餐刀、尺子、巧克力专用铲刀、抹刀、大理石案台、温度计、锯齿三角刮板、不锈钢擀面杖、细擀面杖。

## 五、制作方法

### 1. 巧克力抹刀片

巧克力抹刀片制作步骤如图 9-2-2 所示。

步骤一：
把巧克力融化，调好温度。

步骤二：
将专业塑料纸剪成长条，放在大理石案台上。

步骤三：
用抹刀前部蘸适量调温巧克力，在盆边将抹刀底部的巧克力刮净。

图 9-2-2　巧克力抹刀片制作步骤

步骤四：
把抹刀贴到塑料片上，平稳向后滑动，使每片巧克力大小一致而且饱满。

步骤五：
将巧克力片晾凉备用。

图 9-2-2　巧克力抹刀片制作步骤（续）

### 2. 巧克力弹簧卷

巧克力弹簧卷制作步骤如图 9-2-3 所示。

步骤一：
把巧克力融化，调好温度。

步骤二：
将专业塑料纸剪成长条，放在大理石案台上。

步骤三：
将巧克力倒在上面，用抹刀抹平。

步骤四：
待温度合适后，用锯齿三角刮板刮出细条。

步骤五：
用小型西餐刀挑起后，将巧克力片放在旁边，使其降温。

步骤六：
待温度合适后，将其卷在不锈钢擀面杖上，待凉后取下。

图 9-2-3　巧克力弹簧卷制作步骤

## 3. 巧克力弹簧片

巧克力弹簧片制作步骤如图 9-2-4 所示。

**步骤一：**
把巧克力融化，调好温。

**步骤二：**
将专业塑料纸剪成窄长形，放在大理石案台上。

**步骤三：**
将调好温的巧克力放在上面。

**步骤四：**
用抹刀将巧克力抹平。

**步骤五：**
用小型西餐刀将巧克力片挑起。

**步骤六：**
将其放在一旁备用。

**步骤七：**
待巧克力稍微凝固后，用手指检验其温度是否合适。

**步骤八：**
待巧克力达到合适的温度后，将其绕在细擀面杖上固定并晾凉，待其脱模后即可使用。

图 9-2-4　巧克力弹簧片制作步骤

### 4. 巧克力扇面

巧克力扇面制作步骤如图 9-2-5 所示。

步骤一：
将调温后的巧克力倒在大理石案台上，用抹刀抹平使其，呈长条形。

步骤二：
把多余的巧克力放回碗里。

步骤三：
用手指检验一下巧克力的温度是否合适。

步骤四：
当温度合适后，用左手中指按在刮铲的一边，右手握住刮铲倾斜 45°用力向前推，形成扇形。

步骤五：
并用中指轻轻按压，让扇形平整。

步骤六：
巧克力扇面制作完成。

图 9-2-5　巧克力扇面制作步骤

### 5. 巧克力花棍

巧克力花棍制作步骤如图 9-2-6 所示。

步骤一：
将调温后的少许白巧克力倒在大理石案台上。

步骤二：
用抹刀将其抹平。

步骤三：
用刮刀将四周清理干净。

图 9-2-6　巧克力花棍制作步骤

步骤四：
用三角刮板在白巧克力表面划出细道。

步骤五：
将四周清理干净后，在白巧克力表面倒上少许黑巧克力。

步骤六：
迅速用抹刀抹平、抹薄。

步骤七：
使用刮铲将四周清理干净。

步骤八：
双手握住刮铲，将其倾斜45°。

步骤九：
在巧克力条宽3厘米的位置，用刮铲快速向前推，即可在刮铲前缘卷出细卷状。

步骤十：
巧克力花棍制作完成。

图 9-2-6　巧克力花棍制作步骤（续）

## 6. 巧克力转印纸

巧克力转印纸制作步骤如图 9-2-7 所示。

步骤一：
备一张转印纸，将糖面向上。

步骤二：
将调温巧克力倒在转印纸上。

步骤三：
用抹刀将巧克力抹平。

图 9-2-7　巧克力转印纸制作步骤

**步骤四：**
用小刀将巧克力片铲出。

**步骤五：**
将巧克力放在一边待干。当触摸不黏手时即可进行下一步操作。

**步骤六：**
用尺子把巧克力裁出所需的形状。
【小提示】速度要快，否则巧克力干后边角易翘起。

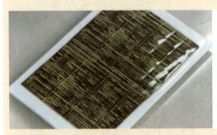

**步骤七：**
将巧克力转印纸花纹向上，放入干净的盘中。待巧克力干透后即可使用。

图 9-2-7　巧克力转印纸制作步骤（续）

## 六、评价标准

评价标准见表 9-2-1。

表 9-2-1　评价标准

| 评价内容 | 评价标准 | 满分 | 得分 |
|---|---|---|---|
| 准备工作 | 优（8～10）；良（7～8）；合格（5～7）；待合格（0～5） | 10 | |
| 操作工序 | 优（25～30）；良（22～25）；合格（20～22）；待合格（0～20） | 30 | |
| 操作时间 | 优（8～10）；良（7～8）；合格（5～7）；待合格（0～5） | 10 | |
| 成品质量 | 优（36～40）；良（32～35）；合格（25～31）；待合格（0～24） | 40 | |
| 卫生情况 | 优（8～10）；良（7～8）；合格（5～7）；待合格（0～5） | 10 | |
| 合计 | | 100 | |
| 评价标准：优（85～100）；良（75～84）；合格（60～74）；待合格（59及以下） | | | |

## 七、课后作业

1．完成"巧克力装饰"的制作小结。
2．巧克力装饰有哪些制作要领？
3．常用的巧克力装饰还有哪些制作方法？

## 八、知识链接

黑巧克力对人体的好处

（1）巧克力能缓解情绪，使人兴奋。
（2）巧克力有助于人们集中注意力和加强记忆力。
（3）巧克力中含有的儿茶酸能增强免疫力。
（4）巧克力是抗氧化食品，对延缓衰老有一定作用。
（5）巧克力中含有丰富的碳水化合物、脂肪、蛋白质和各类矿物质，人体对其吸收和消化的速度很快，因此被称为"助产大力士"，在临产前如果适当吃一些巧克力，产妇可以得到足够的力量来分娩。

## 任务三 模具巧克力

### 一、任务描述

[内容描述]

模具巧克力（Molding Chocolate）是指利用各种样式的巧克力专用模具制作巧克力，已经成为现今流行的手工制作出巧克力的方法之一。其最大的特点就是制作出的巧克力外形美观，式样各异，可以满足不同需求。

[学习目标]

（1）巩固"巧克力调温"方法。
（2）掌握"模具巧克力"的制作方法。
（3）能按照标准流程，在规定时间内独立完成"模具巧克力"的制作。
（4）培养学生养成良好的卫生习惯并遵守行业规范。

### 二、相关知识

模具巧克力制作的要点

（1）在使用模具前，应先用酒精棉球将模具内擦干净，确保其光滑、干爽。
（2）用刷子在模具内薄薄地刷一层巧克力，可使制品表面光亮，易脱模。
（3）制作模具巧克力时，其融化温度虽是 40～45 ℃，但实际操作温度应为 29～32 ℃，在这个温度下，巧克力的操作性、光泽度都在最佳状态。
（4）制作模具巧克力时，动作要迅速，最佳室温为 18～22 ℃，最佳湿度为 50%～60%。

## 三、成品标准

巧克力成品外形美观，光泽性强，口感丝滑，如图9-3-1所示。

图 9-3-1　巧克力成品标准

## 四、制作准备

### （一）材料

**1. 模具巧克力**

白巧克力　　　　1 000 克

**2. 模具巧克力馅料**

| | | | |
|---|---|---|---|
| 淡奶油 | 1 000 毫升 | 白巧克力 | 500 克 |
| 葡萄糖 | 200 克 | 黄油 | 240 克 |
| 朗姆酒 | 40 毫升 | | |

### （二）必备器具

橡胶刮铲、小勺、玻璃碗、油纸、分刀、案板、和面盆、温度计、裱花袋、巧克力模具、酒精棉球、少司锅、平头刷子、橡胶棒、不锈钢刮铲。

## 五、制作方法

**1. 模具巧克力馅料**

模具巧克力馅料制作步骤如图 9-3-2 所示。

步骤一：
将淡奶油、葡萄糖放在少司锅里煮开。

步骤二：
把煮开的淡奶油倒入不锈钢盆里。

步骤三：
放入已经切好的巧克力碎。

图 9-3-2　模具巧克力馅料制作步骤

步骤四：
用橡胶铲将其搅拌均匀。

步骤五：
将巧克力馅料温度降到 35 ℃左右。

步骤六：
放入朗姆酒，搅拌均匀。

步骤七：
放入切成小块的黄油，搅拌均匀，备用。

步骤八：
将搅拌好的巧克力馅料倒入玻璃碗，放入冰箱中冷藏备用。

图 9-3-2　模具巧克力馅料制作步骤（续）

### 2．模具巧克力

模具巧克力制作步骤如图 9-3-3 所示。

步骤一：
用酒精棉球将巧克力模具擦拭干净。

步骤二：
用平头刷子蘸少许调好温的巧克力，在模具内刷上薄薄的一层。

步骤三：
用刮铲将多余的巧克力清理干净。

图 9-3-3　模具巧克力制作步骤

**步骤四：**
将调好温的白巧克力倒入模具中，灌满。

**步骤五：**
用抹刀将模具内的巧克力抹平。

**步骤六：**
用橡皮锤轻轻敲打模具四周，将里面的空气排出，直至没有气泡。

**步骤七：**
再将模具内的巧克力倒回少可锅内。

**步骤八：**
用抹刀刮掉表面多余的巧克力。

**步骤九：**
将模具放在网架上，晾凉备用。

**步骤十：**
将做好的馅料装入裱花袋。

**步骤十一：**
再将其挤在晾凉后的模具内，八成满。

**步骤十二：**
用小勺将模具内的馅料涂平，用刮铲将模具四周清理干净。

**步骤十三：**
再将调好温的巧克力浇在模具上面，用抹刀抹平。

**步骤十四：**
再用抹刀迅速将模具的表面和四周清理干净。

**步骤十五：**
放在18℃左右室温下1小时，备用。

图 9-3-3　模具巧克力制作步骤（续）

# 单元九 巧克力的基础

步骤十六：
将巧克力放在一张油纸上。

步骤十七：
双手攥住模具边缘，将其翻过来。

步骤十八：
向左右轻轻拧动，模具中的巧克力成品就会自动脱模。

步骤十九：
模具巧克力制作完成。

图 9-3-3　模具巧克力制作步骤（续）

## 六、评价标准

评价标准见表 9-3-1。

表 9-3-1　评价标准

| 评价内容 | 评价标准 | 满分 | 得分 |
|---|---|---|---|
| 准备工作 | 优（8～10）；良（7～8）；合格（5～7）；待合格（0～5） | 10 | |
| 操作工序 | 优（25～30）；良（22～25）；合格（20～22）；待合格（0～20） | 30 | |
| 操作时间 | 优（8～10）；良（7～8）；合格（5～7）；待合格（0～5） | 10 | |
| 成品质量 | 优（36～40）；良（32～35）；合格（25～31）；待合格（0～24） | 40 | |
| 卫生情况 | 优（8～10）；良（7～8）；合格（5～7）；待合格（0～5） | 10 | |
| 合计 | | 100 | |
| 评价标准：优（85～100）；良（75～84）；合格（60～74）；待合格（59及以下） | | | |

## 七、课后作业

1. 完成"模具巧克力"的制作小结。
2. 纯手工制作的巧克力制品还有哪些？

## 八、知识链接

### 如何储存巧克力

巧克力是非常脆弱、娇贵的产品，储存条件很苛刻，除了避免阳光照射外，储存空间还不应有怪味，最重要的是温度和湿度要适宜。

一般来说，湿度最高不可超过 65%，温度最好维持在 12～18 ℃，所以，把巧克力放入冰箱是错误的做法，还不如放在通风良好、干燥的地方，即使温度不尽理想，也比冰箱好。

# 单元十　面包类的制作

## 单元导读

### 一、任务内容

汉堡面包、法式棍面包、牛角面包。

### 二、任务简介

面包品类繁多，按其本身的质感可划分为软质面包、硬质面包、松质面包三大类。这些面包是根据不同原料配比、不同制作程序，经过称重、面坯调制、发酵、折叠、成形、烘烤、冷却等工艺方法制作而成的，面包具有组织松软、体轻膨大、质地细腻、富有弹性等特点。

# 任务一  汉堡面包

## 一、任务描述

**[内容描述]**

汉堡面包（Hamburger Bun）属于软质面包的一种，其利用直接发酵法调制面坯，将所有的干性原料放入搅拌桶内拌匀，再将湿性原料倒入搅拌桶里搅拌完成，是一种通过基本发酵、分割、滚圆、中间发酵、成形、最后发酵、烘烤而成的松软面包制品。

**[学习目标]**

（1）了解"汉堡面包"面坯的特性和其中各种原料的作用。
（2）掌握"汉堡面包"的制作工艺。
（3）能按照标准流程，在规定时间内完成"汉堡面包"的制作。
（4）培养学生养成良好的卫生习惯并遵循行业规范。

## 二、相关知识

### （一）汉堡面坯的调制

**1. 特性**

汉堡面包面坯的调制过程是制品工艺的第一步，也是比较关键的步骤，对面包的发酵、成形、烘烤起着至关重要的作用。搅拌面坯可以充分混合所有原料，使面粉等干性原料完全水化，从而加速面筋的形成。

要点提示：

（1）若搅拌得不充分，面坯中的面筋质不能充分扩展，缺乏良好的弹性和延伸性，不能保留发酵过程中产生的二氧化碳，导致制作出的面包体积小，内部组织粗糙，结构不均匀。

（2）若搅拌过度，破坏了面坯中面筋质结构，使面坯过分湿润而导致粘手，会让整形操作进行得十分困难。因面坯无法保留气体而造成其制品内部组织粗糙、无弹性、发硬等不良后果。

**2．一般用料**

汉堡面包是以高筋面粉、酵母、清水、鸡蛋、奶粉、细砂糖、食盐为基本原料，经过面坯调制、基本发酵、分割、滚圆、中间发酵、成形、最后发酵、烘烤等工艺制成的。

（1）面粉的作用。

在面包的发酵过程中起主要作用的是面粉中的蛋白质和碳水化合物。面粉中的蛋白质主要由麦胶蛋白、麦谷蛋白、麦清蛋白和麦球蛋白等组成，其中麦谷蛋白、麦胶蛋白能吸水膨胀形成面筋质，可提高面坯的弹性和韧性，是让面包制品膨胀、松软的重要条件。面粉中的碳水化合物大部分以淀粉的形式存在。在适宜的条件下淀粉中所含的淀粉酶，能将淀粉转化为麦芽糖，进而再转化为葡萄糖，供酵母发酵使用。

（2）酵母的作用。

酵母是一种生物膨胀剂，在面坯中加入酵母后，其即可吸收面坯中的养分来生长繁殖并产生二氧化碳，使面坯形成膨大、松软、蜂窝状的组织结构。酵母对面包的发酵起到决定性作用。一般情况下，鲜酵母用量为面粉用量的3%～4%，干酵母的用量为面粉用量的1.5%～2%。

（3）水的作用。

水是制作面包的重要原料，其主要作用如下：可以使面粉中的蛋白质充分吸水，形成面筋网络；可以使面粉中的淀粉受热吸水而糊化；可以促进淀粉酶对淀粉进行分解，帮助酵母生长繁殖。软质面包的含水量平均为58%～62%较适宜。

（4）食盐的作用。

食盐可以增加面坯中面筋的密度，增强弹性，提高面筋的筋力，如果面坯中缺少盐，醒发后的面坯会有下塌现象。食盐可以调节发酵速度，不放食盐的面坯虽然发酵的速度快，但极不稳定，容易发酵过度，发酵的时间也不好掌握。盐量过多则会影响酵母的活力，使发酵速度降低，食盐的用量一般是面粉用量的1%～2.2%。

（5）糖的作用。

糖可以作为营养来促进酵母的繁殖，是供给酵母能量的来源。一般情况下，糖的含量在5%以内时能促进发酵；当超过6%时，糖的渗透性会抑制发酵，导致发酵速度降低。

**3．工艺方法**

汉堡面包采用直接发酵的方法，即将所有的配料按顺序放在搅拌容器里，一次搅拌完成。用这种方法做出的面包，可以保留面粉的原始风味，而且制作过程简单。

### （二）汉堡面包的成形

汉堡面包的成形就是先将发酵完的面坯分割成制作面包所需的重量，再进行滚圆、中间发酵、成形和发酵等一系列操作的过程。

**1．工艺方法**

（1）分割。

分割是通过称重，把发酵面坯分切成所需重量。分割的方法一般有手工分割和机器分割两种。手工分割的方法是先将大面坯分割成适当大小的长条，然后再按所需重量将其分成小面坯。手工分割有利于保护面坯内的面筋质。机器分割的速度较快，面坯重量也较为准确，但对面坯内的面筋有一定损伤。

（2）滚圆。

滚圆又称搓圆，即把分割成一定重量的面坯通过手工或滚圆机揉搓成圆形的工艺过程。面坯经过分割阶段的操作，面坯中的部分面筋网状结构被破坏，内部部分气体消失，面坯呈松弛状态，韧性差。为了恢复面坯的网状结构，防止分割后由于继续发酵而使面坯内的二氧化碳漏出，只有滚圆才能将面坯滚紧，重新形成一层薄的表皮，包住面坯内继续产生的二氧化碳，使面坯内部结实、均匀而有光泽，有利于下一步操作。

（3）中间发酵。

中间发酵又称中间静置。面坯经搓圆后，一部分气体被排出，面坯的弹性变弱。此时，若立即成形，面坯不能承受压力，表皮易破裂，持气能力下降。因此，为了恢复面坯的柔软性，使其重新产生二氧化碳，以利于整形顺利进行。面坯必须进行中间发酵。

中间发酵的时间根据面坯的性质及整形要求灵活确定，但通常为 10～15 分钟，其环境温度以 25～30 ℃为宜，相对湿度为 70%～75% 为宜。

（4）成形。

成形是按产品要求，把面坯做成一定形状的工艺。面坯经过中间发酵后，体积慢慢恢复膨大，质地逐渐柔软，这时即可进行面包的成形操作。面坯的成形不仅能使制品拥有饱满的外观，还能使其富有弹性。

（5）烤盘码放。

面坯成形之后，将其码放在烤盘中，要注意间距，因为在最后发酵和烘烤阶段，面坯还会再度膨胀，应防止黏连。

（6）最后发酵。

最后发酵是影响面包品质的关键环节。由于面坯在成形过程中，不断受到滚、挤、压等动作的影响，面坯内部因发酵所产生的气体绝大部分被挤出，面筋也由此失去了原有的柔软性。若此时立即烘烤，面包成品必然体积小，内部组织粗糙，颗粒紧密，而且顶部还会形成一层坚硬的壳。为使面坯重新产生气体而且蓬松，以得到所需的形状和口感，大多数面包制品都需要最后发酵过程。

（7）美化成形。

汉堡面包经最后发酵后，还需进行美化装饰，即在其表面刷蛋液、撒白芝麻。

### （三）汉堡面包的成熟

**1．工艺方法**

面坯经过最后发酵和美化成形后，待其体积增至原来的 2 倍时，即可烘烤。烘烤成熟是面包制作过程中最后一个步骤，同时也是将面坯变成面包的一个关键阶段。

汉堡面包的烘烤温度一般为 200 ℃左右，烘烤时间为 10～15 分钟。

**2．注意事项**

（1）面坯的最后发酵过程中，应将烤箱调至所需温度。

（2）在面坯表面刷蛋液时，要根据需要来调节蛋液浓度，刷蛋液的动作要轻柔，以蛋液不从面坯表面流下为宜。

## 三、成品标准

汉堡面包成品色泽金黄，内部组织松软，如图 10-1-1 所示。

图 10-1-1　汉堡面包成品标准

## 四、制作准备

### （一）材料

**汉堡面包**

| | | | |
|---|---|---|---|
| 高筋面粉 | 1 000 克 | 黄油 | 120 克 |
| 鸡蛋 | 3 个 | 酵母 | 20 克 |
| 细砂糖 | 120 克 | 奶粉 | 80 克 |
| 食盐 | 15 克 | 白芝麻 | 100 克 |
| 清水 | 450 毫升 | | |

### （二）必备器具

搅拌机、搅拌桶、刮板、和面盆、电子秤、烤箱、打蛋器、饧发箱、刷子、烤盘、不锈钢刮板。

## 五、制作方法

制作步骤如图 10-1-2 所示。

**步骤一：**
将所有食材依次放入搅拌桶内。

**步骤二：**
把清水缓慢倒入搅拌桶内，用慢速搅打 3 分钟。

**步骤三：**
当面团基本成形后，用中速搅打 10 分钟，取出面胚。

**步骤四：**
搅好后，取一小块面坯，用手抻拉，形成面筋膜，使其有良好的弹性和延伸性。

**步骤五：**
将面坯放在台案上，用双手揉制，使其表面光滑。

**步骤六：**
将面坯放入撒了面粉的烤盘内，放入饧发箱中，在温度为 32 ℃，湿度为 75% 的环境下进行 20 分钟的基本发酵。

**步骤七：**
将面坯从饧发箱中取出，轻轻拍打，以释放出一部分空气。用刮板将面坯切成宽条，再分割成每块质量约为 70 克的面坯。

**步骤八：**
将分割好的面坯，用湿布盖好，发酵 10 分钟。

**步骤九：**
将发酵好的面坯轻轻抓在手心里，手指向内扣，大拇指弯曲并贴住台面，顺时针旋转，将面坯滚圆。

图 10-1-2　汉堡面包制作步骤

**步骤十：**
用手轻轻拍打并按压面坯。

**步骤十一：**
将揉好的面坯收口朝下放入烤盘中并排列整齐，放入饧发箱进行最后发酵，约50分钟。

**步骤十二：**
取出面坯后，在表面刷蛋液。

**步骤十三：**
在面坯表面均匀撒上白芝麻。

**步骤十四：**
放入温度为200 ℃的烤箱中烘烤12分钟，待表面呈金黄色即可取出。

图 10-1-2　汉堡面包制作步骤（续）

## 六、评价标准

评价标准见表 10-1-1。

表 10-1-1　评价标准

| 评价内容 | 评价标准 | 满分 | 得分 |
|---|---|---|---|
| 准备工作 | 优（8～10）；良（7～8）；合格（5～7）；待合格（0～5） | 10 | |
| 操作工序 | 优（25～30）；良（22～25）；合格（20～22）；待合格（0～20） | 30 | |
| 操作时间 | 优（8～10）；良（7～8）；合格（5～7）；待合格（0～5） | 10 | |
| 成品质量 | 优（36～40）；良（32～35）；合格（25～31）；待合格（0～24） | 40 | |
| 卫生情况 | 优（8～10）；良（7～8）；合格（5～7）；待合格（0～5） | 10 | |
| 合计 | | 100 | |
| 评价标准：优（85～100）；良（75～84）；合格（60～74）；待合格（59及以下） | | | |

## 七、课后作业

1. 完成"汉堡面包"的制作小结。
2. 面包为什么要经过三次发酵？

## 八、知识链接

### 深受年轻人喜爱的汉堡包

汉堡包是英语"Hamburger"的音译，是现代西式快餐中的主食。最早的汉堡包主要由两片小圆面包夹一块牛肉饼组成，而现代汉堡包中除了夹传统的牛肉饼外，还在圆面包的第二层中涂以黄油、芥末、番茄酱、沙拉酱等，再夹入新鲜番茄片、洋葱、酸黄瓜等，这种食物食用方便，味道可口，营养丰富，被称为西方的五大快餐之一，现在已经成为全世界畅销的方便主食。

## 九、拓展任务

### 炸包

#### （一）材料

**1．炸包**

| | | | |
|---|---|---|---|
| 高筋面粉 | 900 克 | 食盐 | 20 克 |
| 黄油 | 50 克 | 酵母 | 20 克 |
| 细砂糖 | 80 克 | 奶粉 | 50 克 |
| 清水 | 450 毫升 | 鸡蛋 | 3 个 |

**2．馅料和装饰**

| | | | |
|---|---|---|---|
| 杏酱 | 600 克 | 细砂糖 | 500 克 |

#### （二）必备器具

烤箱、饧发箱、搅拌机、搅拌桶、打蛋器、烤盘、电子秤、不锈钢刮板、和面盆、少司锅、漏勺、鸭嘴勺。

## 任务二　法式棍面包

### 一、任务描述

[内容描述]

法式棍面包（Baguette）是硬质面包的一种，利用发酵种调制面坯，多以高筋面粉、酵母、食盐、水、发酵面种等为主要原料，经过面坯调制、发酵、分割、滚圆、静置发酵、整形、最后发酵、划口、烘烤等多种方法完成制作。

[学习目标]

（1）结合自己的学习经过，阐述"法式棍面包"的制作过程。
（2）能够按照正确的成形方法完成"法式棍面包"的制作。
（3）能按照标准流程，在规定时间内完成"法式棍面包"的制作。
（4）培养学生养成良好的卫生习惯并遵守行业规范。

### 二、相关知识

#### （一）法式棍面包面坯的调制

**1．特性**

法式棍面包表皮酥脆、中间湿软的口感，具有韧性，充满浓郁的麦香味。法式棍面包的表皮之所以能够达到酥脆，是因为其原料配方中含有大量的水分和酵母，在长时间发酵的过程中能够使面筋充分伸展，让体积增大。因为法式棍面包内部充满空气，将其放入烤箱后，打入的蒸汽附着在面包表面，在高温的烘烤下就形成了表皮酥脆的质感。

法式棍面包广泛地应用于西餐中，作为配餐面包供人们食用。

**2．一般用料**

法式棍面包通常以高筋面粉、酵母、食盐、清水为主要原料。

### 3. 工艺方法

法式棍面包采用发酵面种法制作，需要提前一天做好发酵面种，如冬天将发酵面种放在室温下 16～18 小时；夏天则将其放入冰箱内冷藏；第二天再将发酵面种与其他原料一起放入搅拌机内，完成面坯的调制。用此种方法制作出的法式棍面包口感好，内部湿软，保存时间长。

要点提示：

夏天，如室内温度过高，可以在和面时加入冰水来调制面坯。

## 三、成形标准

### 1. 法式棍面包成形的工艺方法

法式棍面包成形的工艺方法有很多种，一般用叠砸，卷、压，搓，划口法完成。

（1）叠砸。

将基本发酵完成的面坯分割完成后，利用叠砸的方法把里面的部分气体排出，进行基本成形。

（2）卷、压。

用左手大拇指从面坯一端向内侧卷起，再用另一只手的手掌根部按压面坯，反复卷压四五次，使其形成光滑、有弹性的长圆棍状。

（3）搓。

将面坯再次进行整形，利用双手将其搓得更加均匀和对称。

（4）划口。

在成形后饧发好的面坯表面划口，进行表面装饰，以提高其酥脆的质感。

要点提示：

（1）成形操作时，要注意相同品种的操作手法要一致，动作要到位。

（2）成形操作动作要快而且准确。

（3）成形过程中，要尽量缩短操作时间，使所有面坯保持相同的发酵速度。

（4）用刀片在表面划口后，要迅速将其放入烤箱，以防止面包塌陷。

### 2. 成形工艺

（1）工艺方法。

法式棍面包的烘烤的要求与一般面包有所区别，它要求在烘烤制品前，烤箱中有充足的水蒸气，而且要保持较高的湿度，使热空气能顺畅地流动，这样有利于面包受热均匀。法式棍面包的烘烤温度一般约 230 ℃，烘烤时间为 20 分钟。

要点提示：

①烤箱中要保持良好的湿度。

②法式棍面包入炉后不要打开炉门，防止水蒸气逸出。

③在法式棍面包烤制的最后5分钟，将烤箱门打开让湿气散出，这样可以使其表面更加酥脆。

（2）成品标准。

法式棍面包成品外形端正，长短、粗细均匀，内质湿软，表皮酥脆，麦香味道浓郁，如图10-2-1。

图10-2-1　法式棍面包成品标准

## 四、制作准备

### （一）材料

**1．发酵面种**

| | | | |
|---|---|---|---|
| 黑麦面粉 | 20 克 | 高筋面粉 | 100 克 |
| 食盐 | 2 克 | 酵母 | 1 克 |
| 清水 | 80 毫升 | | |

**2．法式棍面坯**

| | | | |
|---|---|---|---|
| 高筋面粉 | 1 000 克 | 酵母 | 25 克 |
| 面包改良剂 | 10 克 | 食盐 | 20 克 |
| 发酵面种 | 200 克 | 清水 | 650 毫升 |

### （二）必备器具

搅拌机、搅拌桶、不锈钢刮板、和面盆、电子秤、法式棍面包专用模板、烤箱、饧发箱、保鲜膜、垫布、烤盘、刮板、面粉筛、面包刀片。

## 五、制作方法

### （一）发酵面种

发酵面种制作步骤如图10-2-2所示。

**步骤一：**
将发酵面种干性原料放入和面盆内倒入水揉制光滑，用保鲜膜封好，在20℃左右室温下饧发16~18小时，放在一旁备用。

**步骤二：**
发酵面种制作完成。

图10-2-2  发酵面种制作步骤

## （二）法式棍面坯

法式棍面坯制作步骤如图10-2-3所示。

**步骤一：**
将其他原料和发酵面种一起放入搅拌桶内。

**步骤二：**
加入清水，慢速搅拌2分钟，当面坯软硬适中后，再用中速搅拌10分钟。

**步骤三：**
用刮板将搅好的面坯从搅拌桶内取出。

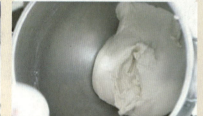

**步骤四：**
将一小块面坯拉抻，使其形成薄膜状。

**步骤五：**
将揉制好的面坯放在撒过面粉的烤盘上，放入饧发箱进行20分钟基本发酵。

**步骤六：**
取出面坯，将收口朝上放置，用手轻轻拍打，促使其排出空气。

图10-2-3  法式棍面坯制作步骤

**步骤七:**
准备分割面坯。

**步骤八:**
将面坯分割成几个每块质量约350克。

**步骤九:**
将分割好的面坯进行初次整形。

**步骤十:**
再用双手将面坯卷成卷状。

**步骤十一:**
再将其整理成两头稍尖的圆柱体。

**步骤十二:**
将面坯放入撒有面粉的烤盘中,进行20分钟中间发酵。饧发箱温度为30℃,湿度约为75%。

**步骤十三:**
将经过中间发酵的面坯取出,封口朝上,用手轻轻压出一部分空气。

**步骤十四:**
用左手大拇指从面坯一端向内侧卷起,再用右手的手掌根部按压面坯,反复卷压四五次。

**步骤十五:**
用双手从中间轻轻向两边搓匀,使面坯表面光滑而有弹性,长度约为40厘米。

图 10-2-3　法式棍面坯制作步骤(续)

步骤十六:
将搓好的面坯放在撒有面粉的垫布上,排列整齐,进行最后发酵。

步骤十七:
在饧发好的面坯表面撒上少许面粉,将其放在法式棍面包专用模板上。

步骤十八:
用面包刀片在面坯表面划出刀口。

步骤十九:
划好后放入上火230 ℃,下火220 ℃的烤箱中烘烤20分钟左右。

步骤二十:
烘烤15分钟后,打开烤箱的风门将湿气散出,再烘烤5分钟即可取出。

步骤二十一:
迅速将烤好的面包码放在网架上晾凉备用。

步骤二十二:
用发酵面种制作的法式棍面包外酥内软,气孔较大,口感柔软。

图10-2-3 法式棍面坯制作步骤(续)

## 六、评价标准

评价标准见表10-2-1。

表10-2-1 评价标准

| 评价内容 | 评价标准 | 满分 | 得分 |
|---|---|---|---|
| 准备工作 | 优(8～10);良(7～8);合格(5～7);待合格(0～5) | 10 | |
| 操作工序 | 优(25～30);良(22～25);合格(20～22);待合格(0～20) | 30 | |
| 操作时间 | 优(8～10);良(7～8);合格(5～7);待合格(0～5) | 10 | |
| 成品质量 | 优(36～40);良(32～35);合格(25～31);待合格(0～24) | 40 | |

| 评价内容 | 评价标准 | 满分 | 得分 |
|---|---|---|---|
| 卫生情况 | 优（8～10）；良（7～8）；合格（5～7）；待合格（0～5） | 10 | |
| 合计 | | 100 | |
| 评价标准：优（85～100）；良（75～84）；合格（60～74）；待合格（59及以下） | | | |

## 七、课后作业

1．完成"法式棍面包"的制作小结。
2．硬质面包还有哪些成形方法？

## 八、知识链接

### 法式棍面包的吃法

法国人通常是把法式棍面包当作主食吃。在饭店里，当人们点好菜后，服务员会端上一个装满已经切成块的法式棍面包的藤条编织的面包筐，客人可以配着点的主菜一起吃。在家里，人们会把法式棍面包当作餐前点心，把它切成1厘米厚的片，在上面涂上鹅肝酱，或者番茄酱加奶酪，或者豆子酱、三文鱼和酸黄瓜。

## 九、拓展任务

**全麦面包（Whole Wheat Bread）**

### （一）材料

| | | | |
|---|---|---|---|
| 高筋面粉 | 1 250 克 | 全麦面粉 | 625 克 |
| 食盐 | 35 克 | 酵母 | 40 克 |
| 淡奶粉 | 30 克 | 细砂糖 | 10 克 |
| 黄油 | 100 克 | 清水 | 1 125 毫升 |

### （二）必备器具

搅拌机、搅拌桶、刮板、和面盆、电子秤、烤箱、烤盘、饧发箱、小型西餐刀、不锈钢刮板、面包刀片、面粉筛。

## 任务三 牛角面包

### 🧢 一、任务描述

**[内容描述]**

牛角面包(Croissant)属于松质面包。松质面包是面包房最常见、最重要、最受人们喜爱的面包种类之一。松质面包的制作方法与一般面包的制作方法不同,其技法较难掌握,面点师需要有一定的经验和耐心才能制作完成。只有将高筋面粉、细砂糖、酵母、清水、黄油、鸡蛋等基本材料搅拌成面坯,再将其放入冰箱中冷藏,取出后擀压成正方形,将黄油放入中间包好,再经过多次擀压折叠才能完成面坯的制作。接下来,再将面坯擀压成所需厚度,裁成等腰三角形,卷成卷。发酵后,在其表面刷上蛋液,放入烤箱中烘烤,形成多层次的酥松制品。

**[学习目标]**

(1)结合自己的学习经过,阐述"牛角面包"的制作过程。
(2)能够按照正确的折叠方法,完成"牛角面坯"的制作。
(3)能够按照正确的成形方法,完成"牛角面包"的制作。
(4)能按照标准流程,在规定时间内完成"牛角面包"的制作。
(5)培养学生养成良好的卫生习惯并遵守行业规范。

### 🧢 二、相关知识

#### (一)牛角面包面坯的调制

**1.一般原料**

牛角面包大多以高筋面粉、细砂糖、酵母、清水、黄油、鸡蛋、黄油等为基本原料。

### 2．工艺方法

牛角面包的工艺方法与一般面包不同，它是在发酵到一定程度的面坯中裹入黄油，经过擀压，折叠而制成的。其具体方法类似清酥面坯，但牛角面包的水面坯是发酵面坯，仅裹入黄油，不添加面粉。

### 3．注意事项

（1）水面坯发酵时要适度，不可过度发酵。

（2）包油时，面坯和黄油的软硬度要相等。

（3）面坯包油后，用压面机压制时，不可一次压得太薄，以免破损面坯表皮。

（4）擀压过程中，要注意面坯的软硬情况，如果过软，应放入冰箱内冷藏，待稍硬后再继续操作。

## （二）牛角面包的成形

工艺方法：

牛角面坯完成三次折叠后，经过冷却、松弛后，即可依照面包的要求、厚度、大小分割成形。

（1）擀压：将面坯擀压成所需的厚度。

（2）切：用轮刀划出大小，再用分刀切成等腰三角形。

（3）卷：双手从直边起将面坯卷成卷。

要点提示：

（1）成形切割时，要保证面坯有一定的硬度，如果过软，应放入冰箱冷冻片刻后再切割成形。

（2）卷好后，将收口处压在烤盘底部。

（3）凡有面坯接口的部位，都应刷上少许蛋液，以防烘烤时开裂，影响成品的外形。

## （三）牛角面包的成熟

### 1．成熟的一般方法

牛角面包多以烘烤的方法使制品成熟，因此，烘烤的温度和时间是制品成熟质量的关键。

一般牛角面包的烘烤温度约为200℃，烘烤时间约为15分钟。烘烤牛角面包时，最好选用具有抽风功能的烤箱，因为这种烤箱可以在面包成熟的最后阶段，打开抽风口，把多余的水蒸气抽出去，使面包保持表皮松酥。

牛角面包大多内部含有较高的油脂成分，要保证将制品完全的成熟再取出；否则，面包会很快塌陷，影响成品的质量和口感。

**2. 成熟的要求**

（1）成品放入烤箱后不要时常打开风门。

（2）面包涨发到最大限度后，可以适当降低烤箱温度，使其内部得以完全成熟。

## 三、成品标准

牛角面包成品外形整齐，层次分明，体积蓬松，质地松软，口味香浓，如图10-3-1所示。

图 10-3-1　牛角面包成品标准

## 四、制作准备

### （一）材料

**1．牛角面坯**

| | | | |
|---|---|---|---|
| 高筋面粉 | 800 克 | 低筋面粉 | 200 克 |
| 食盐 | 25 克 | 黄油 | 70 克 |
| 奶粉 | 50 克 | 鸡蛋 | 2 个 |
| 细砂糖 | 80 克 | 面包改良剂 | 10 克 |
| 酵母 | 25 克 | 清水 | 500 毫升 |

**2．裹入黄油**

黄油　　　　650 克

### （二）必备器具

烤箱、搅拌机、搅拌桶、压面机、保鲜膜、饧发箱、电子秤、和面盆、轮刀、分刀、烤盘、刷子。

## 五、制作方法

牛角面包制作步骤如图 10-3-2 所示。

步骤一：
把所有原料按比例称量好后放入搅拌桶中，加入约 2/3 清水，用慢速搅拌。

步骤二：
待面坯成雪花状后，再加入剩余的清水，慢速搅拌到面筋稍有扩展，再用中速搅拌至面筋完全扩展。

步骤三：
取一块面坯，检验其面筋膜，此时面坯温度应为 26 ℃。

步骤四：
取出面坯后，稍加揉搓，用保鲜膜封好，在常温下松弛 30 分钟。

步骤五：
将松弛好的面坯放在压面机上，将其压制成厚片状，然后放在烤盘上，用保鲜膜封好，放入冰箱中冷冻 4 个小时，备用。

步骤六：
将冷冻面坯取出，在室温下化冻。之后，用压面机将面坯压成正方形，放上黄油，再包裹起来。

步骤七：
将包裹好的面坯放在压面机上压成长方形。

步骤八：
从两边向中间对折，折成三层，放入冰箱冷冻 20 分钟后取出备用。

步骤九：
取出后，将面坯再次进行擀制折叠，按此方法再折叠两次。用保鲜膜封好，放入冰箱冷冻 4 小时即可使用。

图 10-3-2　牛角面包制作步骤

**步骤十：**
将化冻后的面坯用压面机压成长40厘米、宽10厘米、厚4毫米的长方片，从中间对折后，再切除多余部分。

**步骤十一：**
使其成为长18厘米的两份。再用轮刀在设定长度为9厘米的面坯上划出刻度。

**步骤十二：**
将面坯切成等腰三角形（底边长9厘米、高18厘米）。

**步骤十三：**
将三角形底边的中间切割出一个小口。

**步骤十四：**
两手均匀向前推卷，将面坯卷成牛角状。

**步骤十五：**
将牛角面坯收口朝下码放在烤盘上，放入饧发箱内进行最后发酵1.5小时。

**步骤十六：**
在发酵好的牛角面包表面刷上蛋液。

**步骤十七：**
将刷上蛋液的牛角面包放入温度为200℃的烤箱内烘烤15分钟，待表面呈金黄色后即可取出。

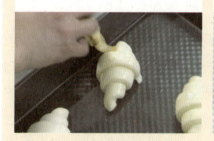

图10-3-2　牛角面包制作步骤（续）

## 六、评价标准

评价标准见表 10-3-1。

表 10-3-1　评价标准

| 评价内容 | 评价标准 | 满分 | 得分 |
|---|---|---|---|
| 准备工作 | 优（8～10）；良（7～8）；合格（5～7）；待合格（0～5） | 10 | |
| 操作工序 | 优（25～30）；良（22～25）；合格（20～22）；待合格（0～20） | 30 | |
| 操作时间 | 优（8～10）；良（7～8）；合格（5～7）；待合格（0～5） | 10 | |
| 成品质量 | 优（36～40）；良（32～35）；合格（25～31）；待合格（0～24） | 40 | |
| 卫生情况 | 优（8～10）；良（7～8）；合格（5～7）；待合格（0～5） | 10 | |
| 合计 | | 100 | |
| 评价标准：优（85～100）；良（75～84）；合格（60～74）；待合格（59及以下） | | | |

## 七、课后作业

1．完成"牛角面包"的制作小结。
2．利用"牛角面坯"还能制成哪些品种？

## 八、知识链接

### 牛角面包的由来

在法国非常受欢迎的牛角面包，并非起源于法国，而是来自其他国家。严格说起来，在法国，"牛角面包"被法国人称为"维也纳甜面包或甜点"，有巧克力、果酱、奶油、葡萄干等多种口味。

而"维也纳甜面包或甜点"中最为远近驰名的，就是如弯月形的"牛角面包"。关于这个如弯月形的面包造型的灵感，最为人所称颂的一种说法是它来自土耳其的军队人手一把的"土耳其弯刀"。

1683 年，土耳其军队大举入侵奥地利的维也纳，但是却久攻不下。心焦之余，土耳其军队负责人心生一计，决定趁夜深人静之际，挖一条通往城内的地道，以便在不知不觉中攻入城内。不巧的是，他们的鹤嘴铲子凿土的声音被正在连夜磨面粉、揉面团的一位面包师发现，他连夜报告给国王，结果，土耳其军队无功而返。为了纪念这个面包师，全维也纳的面包师将面包制成土耳其军旗上的弯月形状，以此来表明是他们先看到土耳其军队的。

## 九、拓展任务

**丹麦牛角面包（Danish Croissant）**

### （一）材料

**丹麦面坯**

| | | | |
|---|---|---|---|
| 高筋面粉 | 700 克 | 低筋面粉 | 300 克 |
| 食盐 | 10 克 | 酵母 | 15 克 |
| 细砂糖 | 90 克 | 黄油 | 60 克 |
| 奶粉 | 50 克 | 鸡蛋 | 5 个 |
| 清水 | 340 毫升 | 牛角黄油 | 500 克 |

### （二）必备器具

烤箱、搅拌机、搅拌桶、压面机、保鲜膜、饧发箱、电子秤、和面盆、分刀、刷子、烤盘、轮刀、少司锅。